Gemüsewürze
Dill
Walnuß
Rosmarin
Zwiebeln
Lorbeerblätter
Orangenschalen
Petersilie
Pfefferkörner
Muskatnuß
Sellerie
Kräutersalz

# »Gutes tun & Gutes erhalten«

Sabine Krüger

Sabine Krüger

# Ziegenluft & Küchenduft

## Ein Jahr mit der Schäferin durch Küche und Natur

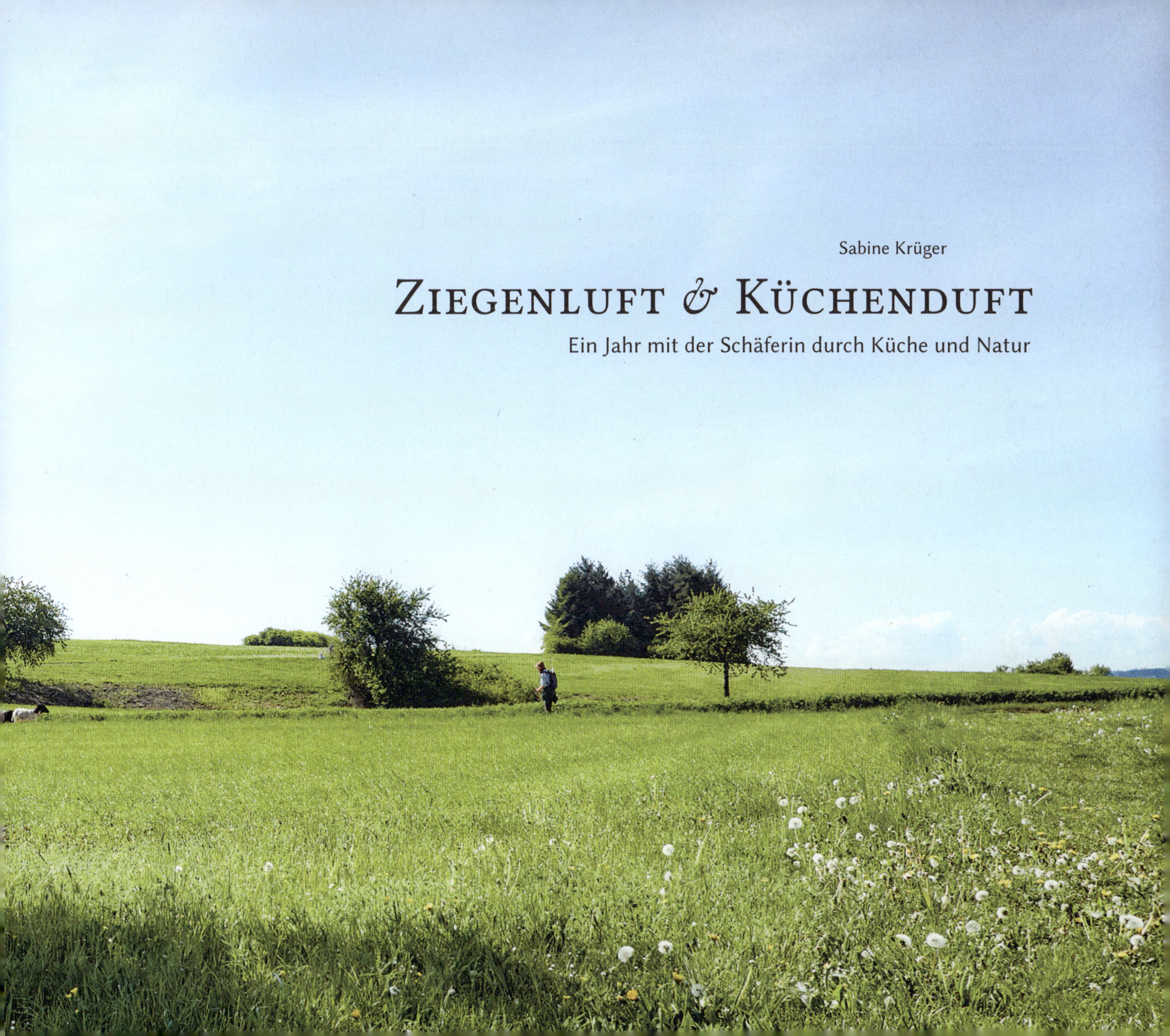

# Inhalt



## Januar



## Februar



## März

## April



## Mai



## Juni

# Juli



# August



# September

# Oktober



# November



# Dezember

# Zur Entstehung dieses Buches

Schon ganz frühe Erinnerungen meiner Kindheit handeln von Natur, Tieren, dem Geruch nach gemähtem Gras und Vogelgezwitscher. Wenn ich so recht überlege, dann war die Verbundenheit zu allem Leben um mich herum wohl schon immer da. Nicht verwunderlich also, dass ich mich zusammen mit meinem späteren Mann – damals noch in der Ausbildung steckend – in ein uraltes Haus auf dem Land verliebte. Wir zogen dort ohne jeglichen Komfort ein und renovierten es in kleinen Schritten über mehrere Jahre hinweg. Andere in unserem Alter wollten in die Stadt, ausgehen und Freunde treffen … Wir hingegen schufteten zuhause und bald waren wir auch guter Hoffnung: Ich war schwanger mit unserem ersten Kind. Zwei weitere sollten folgen.

Von Anfang an verbrachten wir als Familie viel Zeit draußen; unsere Kinder wuchsen quasi in der Natur hinterm Haus, am Bach und auf den angrenzenden Wiesen auf. Urlaub machten wir auf dem Bauernhof oder an der Nordsee. Überall erkundeten wir die dortige Tier- und Pflanzenwelt und es war abzusehen, dass über kurz oder lang auch das ein oder andere Haustier bei uns zuhause Einzug halten würde. Es begann mit zwei Stallhasen und Meerschweinchen, bald hatten wir zusätzlich Hühner und Gänse und schließlich sogar ein Pony. Als schließlich noch ein Großpferd und ein Hund in die Familie kamen, konnte ich nur von Glück sprechen, nahe dem Haus ein Grundstück kaufen zu können, wo für alle genügend Platz war. Dort machten wir das erste Mal in unserem

Leben Heu und pflanzten eine Obstbaumwiese mit vielen verschiedenen alten Apfelsorten und zwei Walnussbäumen. Unsere Kinder und Tiere hatten ihren Spaß dabei und auch mein Mann und ich waren begeistert.

Früher war es einfacher als heute, Land zur Pacht zu bekommen: Es gab noch viele verwilderte Naturdenkmäler und man war dankbar, wenn Leute wie wir anboten, diese Fleckchen Erde zu bewirtschaften und zu pflegen. Unsere beiden Pferde zogen also direkt in der Nachbarschaft auf ein vier Hektar großes Gelände. Wir merkten jedoch schnell, dass es dort viel zu viel Gras gab für ein Pony und ein Großpferd und ich überlegte, wie man »unseren Zoo« sinnvoll erweitern könnte. Nun, da ja Platz und Futter genug vorhanden war.

Als ich dann zum ersten Mal Walliser Schwarzhalsziegen sah, war es direkt um mich geschehen: Ich verliebte mich auf Anhieb in die langen Hörner und das wunderschöne Haar dieser stolzen Bergziegenrasse – auch wenn es sie in Deutschland noch kaum irgendwo gab. Wir nahmen schließlich Kontakt zum Schweizer Ziegenzuchtverband auf und durften in einem anschließenden Urlaub (es war der letzte seither gemeinsam mit meinem Mann) verschiedene Züchter im Oberwallis in der Schweiz besuchen. Die Ziegen bei einer Wanderung in den Hochalpen mit Blick auf das Matterhorn näher kennen zu lernen, war ein unbeschreibliches Erlebnis. Der Kauf unserer ersten 15 Ziegen wurde dort besiegelt und wir sind seither noch einige Male ins Wallis gefahren um weitere Ziegen für unsere Herde abzuholen. Zuhause in unserem Naturdenkmal begann damals die Arbeit in der Landschaftspflege: Von Jahr zu Jahr wuchs die Herde an und es kamen die ersten Anfragen, die Tiere auch andernorts weiden zu lassen. Die Aufträge wurden mehr und die Arbeit natürlich auch.

Trotzdem überlegte ich mir, als unser jüngstes Kind in die vierte Klasse kam, was ich neben dem »Mutter sein« und meiner Arbeit mit den Tieren noch aus meinem Leben machen könnte. Ich war ja erst Mitte dreißig und strotzte vor Energie. Und tatsächlich gab es noch eine weitere Leidenschaft in meinem Leben, die ich nun gedachte, etwas mehr in den Vordergrund zu rücken, nämlich das Kochen. Ich meldete mich in der Hauswirtschaftsschule an und hatte nach zwei Jahren den Abschluss als Hauswirtschafterin in der Tasche. »Wenn schon denn schon« dachte ich mir und hängte nochmals zwei Jahre dran für den Meistertitel. Anschließend konnte ich mein Geld mit dem Abhalten von Kochkursen verdienen. Ich liebte es, mich mit den Teilnehmern querbeet durch das Jahr zu kochen, in der Küche zu experimentieren und mich weiter zu entwickeln. Meine Vorliebe für gesunde regionale Produkte festigte sich in dieser Zeit und prägt unsere Ernährung und Lebensweise bis heute.

Ebenfalls in dieser Zeit wuchs auch unsere Herde weiter an: Die ersten Schafe kamen hinzu, noch nicht die Rassen, die wir heute haben, jedoch war es ein weiterer Schritt auf dem Weg in die Schäferei. In der hiesigen Familienbildungsstätte bekam ich schließlich die Leitung des Fachbereichs »Hauswirtschaft« übertragen und war beruflich ab da hauptsächlich mit der Organisation der Kochkurse beschäftigt und hielt sie nicht mehr selber ab – neben der Familie und der Arbeit daheim wäre mir das einfach zu viel geworden. Der Aufwand mit unseren Tieren wurde sowieso immer größer. Es war zwar eine große Erleichterung, in unserer Gemeinde als Ausgleichsmaßnahme zum neu ausgewiesenen Baugebiet einen kleinen Stall errichtet zu bekommen. Jedoch war von vorne herein klar, dass auch dieser nur eine Übergangslösung sein würde. Denn der Bedarf an Ziegen und Schafen in der Landschaftspflege wuchs, wir bekamen ständig neue Anfragen und inzwischen hatten wir ja auch schon einige Flächen als Auftrag abzuweiden. Der Druck wurde also größer, mehr Tiere für mehr Aufträge anzuschaffen und damit verbunden natürlich auch mehr Arbeit auf uns zu nehmen.

Bevor ich jedoch den »Sprung ins kalte Wasser« wagen konnte, musste abgeklärt werden, inwiefern ein größerer Stall für uns zur Verfügung gestellt werden könnte. Unsere Schaf- und Ziegenherde bestand mittlerweile aus ungefähr hundert Tieren und der kleine Gemeindestall platzte bald aus allen Nähten.

Der Segen kam in Form eines großen Steinbruchbetreibers in der Nähe, der als Ausgleichsmaßnahme zur Erweiterung seines Steinbruchs bereit war, in Zusammenarbeit mit verschiedenen Behörden, der Gemeinde und dem Bürgermeister, einen großen Schafstall zu bauen. Bereits vorab wurden mir zwanzig Jahre Pacht fest zugesagt – mit der Option zur Verlängerung. Gleichzeitig durfte ich mich in die Planung des Stalles mit einbringen und Wünsche äußern – beispielsweise einen festen Boden, damit beim maschinellen Misten nicht der ganze lose Bodenbelag (Schotter) mit heraus geschippt werden würde. Zudem wünschte ich mir einen Stromanschluss sowie eine Zisterne für die Wasserversorgung.

Ich kann sagen, dieses Projekt ist durch die gute Zusammenarbeit aller Beteiligten wirklich rundherum gelungen, auch nach mittlerweile über zehn Jahren bin ich immer noch sehr zufrieden und glücklich damit. Ohne diesen Stall hätte ich sicher schon längst aufgegeben und mit der Landschaftspflege aufgehört. Vorher hatten wir keinen Strom in den Ställen, eigentlich ein Unding, gerade in der »dunklen« Jahreszeit. Das Arbeiten mit Generatoren, das Wasserschleppen in Kanistern, die wir von daheim ankarren mussten und das mühsame Misten von Hand erinnerte an die Arbeitsweisen vor über hundert Jahren ... Ich musste schon gigantisch viel Idealismus mitbringen, um meine – im Vergleich zu heute – relativ kleine Herde auf diese Art und Weise über den Winter zu bringen. Dazu dann noch mein eigentlicher Job und daheim die Familie ... Da war ich einfach an meiner Grenze. An eine Vergrößerung unserer Herde wäre ohne eine Erleichterung in Form des neuen Stalls überhaupt nicht zu denken gewesen.

So jedoch war es dann wohl nur eine Frage der Zeit, bis ich meine Arbeitsstelle in der Familienbildungsstätte nach fast zehn Jahren aufgab und mich in Vollzeit für die Schäferei entschied. Es fühlte sich richtig an, beides bekam ich einfach nicht mehr unter einen Hut. Mein Enthusiasmus trieb mich an. Bis heute ist mir der zum Glück erhalten geblieben: Ich bin vollkommen von dem überzeugt, was ich tue.

Nachdem also klar war, dass ich nun auch regelmäßig regionales Fleisch anbieten können würde, beschäftigte ich mich intensiver mit dieser Thematik – auch in Hinblick auf meine Leidenschaft für das Kochen. Der Gedanke war geboren, Fleisch »mit gutem Gewissen« regelmäßig auf dem Wochenmarkt zu verkaufen, neue Rezepte mit Lamm- und Zickleinfleisch zu kreieren und an gewogene Kunden weiter zu geben. Eine Zeitlang bot ich sogar Kochkurse an – gemeinsam mit einem befreundeten Koch, speziell abgestimmt auf meine Produkte.

Ein langsam aufgebauter und immer weiter entwickelter Lebenstraum wurde so nach und nach Wirklichkeit: Tiere artgerecht zu halten, mit ihnen die Landschaft zu pflegen, somit also etwas für den Naturschutz zu tun und gleichzeitig die hoch qualitativen Produkte rund um diese Tiere selbst nutzen und auch anderen zugänglich machen zu können. Hier treibt mich bis heute ein hohes Maß ethischer Gedanken an: Ich selbst begleite beispielsweise jedes Tier, das geschlachtet wird, zum örtlichen Metzger. So lange es lebt, habe ich die Verantwortung dafür, dass es ihm gut geht, so meine Philosophie. Es gibt keine langen Transportwege oder Wartezeiten, alles verläuft ruhig und friedlich und mit dem größtmöglichen Maß an Würde für das Tier. Es ist selbstverständlich für mich, immer das gesamte Tier zu verwerten,

nichts verkommt oder wird »weggeschmissen«. Es geht darum, mit Bedacht den Kreislauf des Lebens und Arbeitens mit Tieren zu schließen.

Durch den bewussten Umgang mit Tieren, der Natur und unseren Lebensmitteln möchte ich ein Zeichen setzen und Denkanstöße geben. Heute, meine Kinder sind längst erwachsen und ich nähere mich schon langsam dem Ruhestand, stehe ich mehr denn je hinter diesen Überzeugungen. Auch möchte ich weiter ausprobieren und offen bleiben, wohin es im Bestfall noch gehen kann. Mein ganzes Leben steht unter dem Motto »Gutes tun und Gutes erhalten«.

Wir haben über die Jahre so manchen Schicksalsschlag überstanden, ob Krankheit in der Familie oder der Ausbruch einer gefürchteten Seuche in der Herde. Ich kann nicht sagen, wie oft ich schon körperlich und auch seelisch fast am Ende war. Jedoch habe ich in diesen Zeiten immer wieder Hilfe erfahren, von der Familie oder Freunden und nicht zuletzt von meinen Schäferkollegen in der Umgebung. »Was einen nicht umbringt, das macht einen härter«, dieses Sprichwort trifft auf mich und mein Leben sicherlich zu. Wenn ich zurückblicke, kann ich heute nicht mehr mit Bestimmtheit sagen, wie ich aus so manch brenzliger Lage wieder einen Ausweg fand und schlimme Zeiten schließlich irgendwie überstanden habe. In der Not entwickelt man enorme Widerstandskräfte und die haben aus mir den Menschen gemacht, der ich heute bin: Zielstrebig und vielleicht auch etwas stur, nach vorne schauend, sich nicht unterkriegen lassend. Ich musste schon oft kämpfen, für mich, meine Tiere und unsere Rechte. Ich weiß also meinen Kopf durchzusetzen – hinter mir stehen schließlich viele Lebewesen, die im gesamten Umfang von mir abhängig sind. Ich muss mich um sie kümmern. Dieser Verantwortung versuche ich jeden Tag bestmöglich gerecht zu werden. Koste es, was es wolle.

Tatsächlich begann ich in so einer für mich eher schweren Zeit mit dem Twittern. Ich fühlte mich oft alleine, suchte daher den Kontakt zu anderen und war natürlich auch neugierig auf dieses Medium. Ich merkte schnell, dass es mir Spaß machte, täglich ein paar Fotos zu posten und Geschichten aus der Schäferei zu teilen. Viel positives Feedback motivierte mich, weiter zu machen und ich entwickelte eine neue Leidenschaft: Fotografieren und kommunizieren. Mit einer bis heute guten Freundin beschäftigte ich mich von da an vermehrt mit dem Thema Öffentlichkeitsarbeit: Ich wollte realitätsnahe Informationen über das Leben als Schäferin weitergeben und persönliche Meldungen aus meinem Alltag machen. Wir organisierten unter anderem auch eine Ausstellung über Schafe und Ziegen und gemeinsam entwickelten wir das Prinzip der Schafpatenschaften.

Die so genannten »sozialen Medien« gaben mir die Möglichkeit, auf eine gewisse Art wieder am »gesellschaftlichen Leben« teilzunehmen, das mir auf andere Weise durch die viele Arbeit oft verwehrt war. Denn meine eigenen Bedürfnisse kommen stets erst nach denen der Tiere – und das lässt sich eben nur schlecht mit geregelten Arbeits- und Freizeiten, Festen oder gar gemeinsamen Urlauben vereinbaren …

**Landschaftspflege** @Ziegenmama · 13. Juli ···
In meinen alten #Schafweiden hängen sie frühmorgens gerne an den blauen und violetten Blüten. #Widderchen lieben sie. Für mich sind sie ein Anzeiger, dass die #Biodiversität in der Fläche stimmt. Ein Kapitel in meinbuch.kruger-land.de handelt von den alten Schafweiden.

1   20   145

All meine Leidenschaften – Natur, Tiere, Kochen und schließlich Kommunikation – sind nun hier vereint in diesem Buch. Der Gedanke zu einem Buch trieb mich schon lange um. Doch es fehlte schlicht der passende »Partner«, der nötige Gegenpol, so ein Mammut-Projekt professionell umsetzen zu können. Mit Oliver plante ich zwei Jahre lang und schließlich stand das Konzept auf seinen Füßen, wir stürzten uns in dieses Abenteuer. Unser großer Wunsch nach einem gemeinsamen Buch räumte so manchen Zweifel aus dem Weg und zum Glück war auch Oliver und sein Team von Anfang an mit Feuereifer dabei.

# Vorwort

Heute halten wir vor allem Dorperschafe, eine Fleischschafrasse aus Südafrika, die in der Landschaftspflege kaum verfettet und mir daher bestes mageres und im Geschmack sehr feines Fleisch liefert. Sie ist für meine Haltungsform, der Beweidung von hauptsächlich Magerwiesen, geradezu ideal. Aus meiner Sicht ist das Dorperschaf vor allem auch deshalb ein »Schaf der Zukunft«, weil es mit großer Hitze im Sommer viel besser zurechtkommt als andere Rassen. Es verwertet zudem karges Futter optimal, ist sehr genügsam und »marschfähig«. Außerdem bilden Dorperschafe kein dickes Wollflies, sondern werfen den Großteil ihrer Haare im Laufe des Sommers ab, was das Scheren vereinfacht. Sie beweiden bei mir jährlich gut 13 Hektar Naturschutzgebiet sowie ungefähr 15 Hektar Obstbaumwiesen. Unsere zweite Schafrasse, die Walliser Schwarznasenschafe, halte ich vor allem aus Liebhabergründen. Sie sind für mich das Pendant zur Walliser Schwarzhalsziege, alleine von ihrer Optik bin ich schon restlos begeistert: Das hübsche schwarz-weiße Lockenfell und die knautschigen freundlichen Gesichter mit den schönen gedrehten Hörnern auf dem Kopf haben es mir angetan ... Walliser Schwarznasenschafe sind hervorragend an die Lebensbedingungen im kargen Hochgebirge angepasst: Ihr Körper ist vollständig bewollt, also auch an den Beinen und im Gesicht. Daher können Sie in unseren Breiten ohne Probleme auch im Winter draußen gehalten werden, was für mich auf jeden Fall ein großer Vorteil ist. Sie sind robust und genügsam, bringen schöne Wolle und auch ihr Fleisch ist nicht zu verachten. Da sie zudem ziemlich trittsicher sind und für Schafe verhältnismäßig gut klettern können, kann ich sie wahlweise auf den kargen Flächen zusammen mit den Dorperschafen weiden lassen oder sogar gemeinsam mit den Ziegen in steilen Naturdenkmälern oder gar unzugänglichen Steinbrüchen einsetzen.

Auch Ziegenrassen halten wir zwei: Zum einen Burenziegen, die genau wie die Dorperschafe aus Afrika stammen und daher mit den hiesigen zunehmend heißen und trockenen Sommern gut zurechtkommen. Sie liefern außerdem ein sehr gutes Fleisch. Und dann noch meine geliebten Walliser Schwarzhalsziegen. Während der Weidesaison halte ich beide Rassen getrennt voneinander, jeweils mit einem Bock zusammen. Ein guter braver Ziegenbock ist Gold wert. Er muss zwar das Leittier der Herde sein, darf dem Menschen gegenüber jedoch keine Chef-Allüren an den Tag legen. Dies würde ganz schnell ziemlich gefährlich werden. Denn mit Hörnern, die fast einen Meter lang werden können, einer Widerristhöhe von bis zu 85 Zentimeter sowie einem Gewicht von circa 70 Kilogramm entwickeln sie eine unwahrscheinliche Kraft. Die dürfen sie uns Menschen gegenüber nicht einsetzen. Gegenseitiger Respekt und eine gewisse Distanz sind also angebracht. Die Ziegen beweiden vor allem Flächen, die für Schafe nicht geeignet sind, beispielsweise verbuschte steile Hänge oder Steinbrüche. Allerdings laufen auch zwischen den Schafen ein paar Ziegen mit, da sie das fressen, was die Schafe verschmähen. Sie ergänzen sich also perfekt. Jedoch sind

Ziegen relativ unwirtschaftlich und auch teuer in der Haltung: Sie brauchen den gesamten Winter einen geschützten Stall und gutes Futter, da sie ziemlich wetterempfindlich sind. Sie können generell nicht unkompliziert auf jede Weide mit, da sie auch wertvolle Obstbäume und andere Gehölze kaputt beißen und schälen. Und nicht zuletzt sind es wahre Ausbruchskünstler, was einen nicht unerheblichen Mehraufwand an Umzäunung bedeutet. Da sie jedoch insbesondere zur Landschaftspflege auf wertvollen speziellen Standorten (beispielsweise verbuschten Wacholderheiden) nahezu unersetzlich sind und sie dadurch konkret zum Erhalt unserer Kulturlandschaft sowie zum Natur- und Biotopschutz beitragen, wird ihre Haltung inzwischen zum Glück subventioniert.

Neben den Schafen und Ziegen sind es dann natürlich vor allem Hunde, ohne die ich nicht mehr leben könnte. Sie sind meine täglichen Begleiter und unterstützen mich bei meiner Arbeit. Bisher habe ich alle paar Jahre einen Welpen der Rasse »Border Collie« aus guter Hütelinie von anderen Schäfern zu mir geholt. Das funktioniert in der Regel problemlos: Jedes Mal bin ich erst mal total entzückt von diesem kleinen noch so tapsigen Welpen, aus dem einmal einer meiner besten Partner in der Schäferei werden wird ... Die ersten Wochen wird er natürlich ein bisschen verwöhnt, darf beispielsweise auf dem Vordersitz meines Autos mitfahren und daheim im Esszimmer auf meinen Füßen liegen. Der optimale Zeitpunkt für einen neuen Welpen ist für mich der Winter. Da habe ich viel Zeit im Stall, ich bin schon relativ früh zu Hause, der Kleine kann mich entspannt überall hin begleiten und alles ist viel geregelter als im Sommer. Zwei bis drei Jahre dauert es dann, bis ein Border Collie die an ihn gestellten Aufgaben in der Schäferei zuverlässig und sicher erfüllen kann. Ein weiter Weg also, den wir gemeinsam bestreiten. Und dieser endet auch erst wieder mit dem Tod des Tieres.

Trotz meines großen Herzens für Tiere nehme ich mir inzwischen jedes Jahr auch die Zeit, im eigenen Garten und auf einem Stückchen gepachteten Lands selber Obst und Gemüse anzubauen. Es gehört für mich einfach zu einem gesunden Lebensgefühl dazu, möglichst zu wissen, woher die Lebensmittel auf unseren Tellern stammen. Man bekommt außerdem einen ganz anderen Bezug zu seinem Essen, wenn man es selber gesät, gepflegt und schließlich geerntet und zubereitet hat. Dass es gewisse Leckereien nur zu bestimmten Jahreszeiten gibt, erhöht die Wertschätzung für dieses Lebensmittel und die Vorfreude auf genau die Zeit im Jahr, zu der beispielsweise die Erdbeeren hinterm Stall endlich reif werden ... Was ich nicht selber anbaue oder in der Natur sammeln kann, versuche ich auf dem Wochenmarkt zu kaufen: Dort werde ich ebenfalls fündig, wenn es um regionale Produkte geht. Die schmecken nicht nur besser, sondern sind meist auch gesünder. Denn Obst und Gemüse aus Übersee wird unreif geerntet und teilweise sogar mit Chemikalien behandelt. Regionale und saisonale Produkte hingegen können komplett ausreifen und werden erst dann geerntet. Nachweislich enthalten sie daher nicht nur weniger Giftstoffe, sondern auch einen deutlich höheren Vital- und Nährstoffgehalt. Kurze Transportwege sorgen außerdem für eine gute Ökobilanz – mit dem Erwerb solcher Produkte tue ich also »ganz nebenher« auch noch was für den Klimaschutz: Je weniger Verpackung, Kühlmittel, Sprit oder aufwändige Lagerungsverfahren eingesetzt werden müssen, desto besser. Nicht zuletzt unterstütze ich mit meinen Käufen noch die Betriebe in der Umgebung. Eine Win-Win-Situation.

Dass sich bei mir über die Jahre hinweg eine gewisse pragmatische Veranlagung eingestellt hat, ist wohl schlicht unumgänglich gewesen: Für Schnickschnack habe ich einfach keine Zeit. Das spiegelt sich in meinem ganzen Leben wieder – und so natürlich auch in meiner Küche. Ich liebe das einfache Leben und die einfache Küche. »Ein Topf für alles« ist beispielsweise ein Kredo von mir. Gemeint ist damit ein gusseiserner Bräter, der aus meiner Sicht in keiner Küche fehlen sollte. Er ist nahezu unverwüstlich, eine Anschaffung fürs Leben: Fast alle Gerichte können darin zubereitet werden. Meinen hat mir meine Mutter vor über zwanzig Jahren zu Weihnachten geschenkt. Er gibt die Hitze von allen Seiten gleichmäßig ab, speichert die Temperatur lange und ist ideal für langsames, sanftes Schmoren im Ofen. Er wird mir hoffentlich noch viele Jahre gute Dienste leisten.

Nach getaner Arbeit im Stall und mit den Tieren genieße ich nämlich gerne meine Abende in der Küche. Wenn ich Zeit habe, bereite ich dann zum Beispiel in aller Ruhe meine »eine

Sauce für alles« zu (Rezept auf der nächsten Seite). Jeder Saucen-Fan ist dankbar, wenn es auch zu schnellen Gerichten unkompliziert eine leckere selber gemachte Sauce gibt. Daher koche ich regelmäßig eine größere Menge Sauce für die Vorratshaltung. Sie muss lange schmoren, daher eignen sich gemütliche Abende am besten für ihre Zubereitung. Die fertige Sauce wird später portionsweise eingefroren oder ich fülle sie in so genannte »Twist-Off-Gläser« zum Lagern. Jederzeit habe ich sie dann parat und kann sie unkompliziert zu allen Gerichten mit beispielsweise kurzgebratenem Lammfleisch reichen. Auch zum Würzen von Suppen und Eintöpfen verwende ich sie. Während ihrer Zubereitung zieht stundenlang der Duft von Kräutern, Fleisch und Gemüse durch die Küche, das macht natürlich Appetit. Darum schmore ich gerne eine vorher gut angebratene geviertelte Lammschulter mit, die ist in der Regel nach 1,5 Stunden so zart, dass das Fleisch regelrecht vom Knochen fällt. Zusammen mit etwas Baguette und einem Glas des von der Saucenbereitung noch übrigen Rotweins genießen wir dann ein leckeres Abendessen. Das ist für mich der Inbegriff von Ruhe, Entspannung und rundherum zufrieden sein.

Zubereitungszeit: mind. 3 Stunden

Zutaten:
2 kg Lammrippchen, mager, in Stücke zerteilt
200 g Sellerie
300 g Möhren
2 - 3 Tomaten
4 Zwiebeln, klein gehackt
6 Knoblauchzehen, klein gehackt
1 kleine Dose Tomatenmark
½ l Rotwein
1,5 l Gemüsebrühe, nach Bedarf
2 Lorbeerblätter
2 Wacholderbeeren
2 Pimentkörner
Rosmarin, Thymian, gehackt, nach Geschmack
Bohnenkraut, nach Geschmack
1 Prise Lavendel, nach Geschmack
Pfeffer, gemahlen, Blütensalz
Rapsöl zum Braten

# Saucenbereitung für die Vorratshaltung

Das Gemüse schneide ich in grobe Stücke. Ob Stauden- oder Stangensellerie verwendet wird, ist egal. Währenddessen brate ich portionsweise die Lammrippchen in Öl an. Wenn sie rundherum braun sind, nehme ich sie aus dem Bräter und gebe die Zwiebeln und Knoblauchzehen hinein. Auch die werden kräftig in Öl angebraten, bevor Sellerie, Möhren und Tomaten hinzukommen. Statt frischer Tomaten können auch in Öl eingelegte verwendet werden. Dann rühre ich noch das Tomatenmark unter und dünste alles kurz an, bevor mit dem Rotwein und der Brühe abgelöscht und schließlich gewürzt wird. Die Rippchen gebe ich anschließend wieder dazu und der Bräter kommt mit Deckel für mindestens 1,5 Stunden bei 160 °C in den Backofen. Hiernach lasse ich den Bräter für weitere 30 Minuten ohne Deckel im Ofen weiter schmoren. Die Sauce verdickt sich dadurch etwas, weil das Wasser verkocht. Der Geschmack konzentriert sich also wie gewünscht. Dann wird der Ofen ausgeschalten, der Deckel wird wieder auf den Bräter gegeben und die Restwärme im Ofen kann noch mindestens für weitere 30 Minuten genutzt werden. Ich lasse den Bräter sogar gerne ganz über Nacht im Backofen stehen, einfach weil ein langes Schmoren und Durchziehen das beste Ergebnis bringt: Je mehr Zeit die Sauce bekommt, desto besser wird sie!
Die fertige Sauce streiche ich schließlich durch ein Sieb und schmecke sie ab. Bei Bedarf kann noch etwas Brühe eingerührt oder umgekehrt mit etwas Speisestärke angedickt werden. Die Sauce wird portionsweise eingefroren oder in Twist-Off-Gläsern haltbar gemacht. So habe ich stets eine fertige selber gemachte Sauce zur Hand, die zu allen Lammgerichten passt, aber auch als Grundlage für Eintöpfe und Suppen hervorragend geeignet ist.

Bei Wind und Wetter

# JANUAR

# Spagat zwischen Stall und Weide

Der Januar fängt normalerweise relativ entspannt an. Heutzutage ist das Wetter um den Jahreswechsel herum ja meist verhältnismäßig mild und trocken und daher für mich und meine Schafe draußen auf der Weide gut auszuhalten. Wir haben glücklicherweise einige Hektar Land zur Verfügung, das wir auch im Winter beweiden dürfen. Ich bin um jeden Tag froh, an dem zumindest ein Teil meiner Tiere – die mit dem dicksten Wollpelz – draußen sein kann und nicht im Stall steht. Auf der Winterweide bleiben die Schafe einfach gesünder, bilden eine wunderbare dichte Wolle und tatsächlich erscheinen mir sogar die Lämmer, die unter freiem Himmel geboren werden und dort aufwachsen, robuster, munterer und kugelrund. Solange sie genug zu Fressen finden, macht ihnen das Wetter wenig aus.

Im Gegenteil, es gibt keine Stechmücken, keine Zecken und auch keine Bremsen, die sie plagen. Sie fühlen sich wohl in ihren dicken Mänteln aus isolierender Wolle. Trotzdem sorge ich durch entsprechende Weidenwahl immer dafür, dass sie bei angekündigtem Sturmwind und größerer Kälte Schutz zwischen Hecken oder unter Bäumen finden können. Nur im Notfall hole ich auch sie zum Stall, um sie dort besser versorgen zu können.

Der Hauptgrund, warum ich nicht alle Schafe den Winter unter freiem Himmel verbringen lasse, besteht schlicht im herrschenden Futtermangel zu dieser Jahreszeit. Unsere Weideaufträge sind abgearbeitet, es gibt nichts mehr zu tun für meine Tiere – also auch nichts zu fressen. Für sie alle zusammen müsste ich jedoch weiterhin täglich rund einen Hektar frisches Grün einzäunen. Und das ist schlicht utopisch: In den letzten Jahren ging schon alleine durch Erschließungen für bauliche Maßnahmen und Zersiedelung unwahrscheinlich viel Weideland verloren. Dazu kommt die aktuell herrschende Konkurrenzsituation mit den Biogasanlagen, in denen eben auch Futterpflanzen zur Energiegewinnung verwendet werden. Letztlich wollen einige Landwirte auch einfach keine Schafe auf ihrem Grünland haben; sie bringen im Winter nicht selten lieber Gülle oder Mist aus. Solche Flächen sind dann in der Folge natürlich nicht mehr geeignet für meine Tiere.

Darum komme ich bei dem Großteil meiner Herde nicht um ein Überwintern im Stall herum und muss mich damit begnügen, einen relativ kleinen Anteil der Schafe draußen zu lassen. Dafür bin ich aber dankbar, denn jeden Tag, den sie auf der Winterweide satt werden, spare ich bares Geld: Sie würden im Stall jetzt täglich einen Siloballen und einen halben Ballen Öhmd zusätzlich verdrücken. Wenn ich jedoch gut wirtschafte und plane und mit dem Wetter etwas Glück habe, kann ich sie bis zum März draußen satt bekommen. Das ist mein Ziel.

Mindestens einmal täglich packe ich mein Auto und den kleinen Anhänger und fahre zur Winterweide – um den Zustand der Tiere zu kontrollieren und sie mit frischem Wasser und Salz zu versorgen. Vorher muss ich mir anhand der Wetter-App und des Wetterberichts im Radio überlegen, ob ich entsprechend darauf reagieren muss: Wird beispielsweise ein Sturm, starker Regen oder länger anhaltender Schneefall gemeldet, muss ich an den Wetterschutz der Schafe denken. Auch die Zufahrtswege sollte ich im Kopf behalten, denn bei Tiefschnee, Matsch oder Eisplatten komme ich selbst mit Stollenreifen und Allrad nicht mehr überall mit dem Auto hin. An Hanglagen könnte es schnell kritische Situationen geben und ich müsste dann aus Sicherheitsgründen zu Fuß zur Weide stapfen. Da es jedoch kein Spaß ist, Wasserkanister, bei Bedarf Stromzaun-Elemente sowie Salzlecksteine und zur Not auch noch zusätzliches Futter über weitere Entfernungen zu schleppen, versuche ich solche Szenarien durch gute Planung und rechtzeitiges Reagieren zu umgehen. Ein Abstecher zu meinen Ziegenböcken im Nachbarort steht dann ebenfalls noch auf dem Programm, bevor es wieder zurück zum Stall geht.

Die Schafe und Ziegen dort werden zwei Mal am Tag versorgt, früh und abends. Das Wichtigste ist hier natürlich das Füttern und Tränken, das jedoch – im Vergleich zur Winterweide – im Stall geradezu luxuriös ist: Mit einer Fernbedienung kann ich beispielsweise die Wasserpumpe in der Zisterne steuern und muss so nicht etliche Male hin- und her spurten zum An- und wieder Abschalten. Ich muss lediglich darauf achten, dass die Schläuche zum Schluss leer sind und nichts einfrieren kann. Genauso ist es mit dem Füttern: Schaufeln, Gabeln, Eimer und nicht zuletzt die Schubkarre sowie kurze Wege erleichtern die Versorgung der Tiere im Stall ungemein im Vergleich zu draußen.

Meine Stalleinteilung ist jedes Jahr gleich – ich habe sie für mich und meine täglichen Abläufe perfektioniert: Es gibt insgesamt vier Bereiche, wobei die Ziegendamen, die je nach Wetter die längste Stallzeit haben, das Abteil bekommen, in das am ehesten auch mal die Wintersonne scheint. Es liegt ganz hinten im Stall und man kann sehen wie ihnen dort ein Sonnenbad hin und wieder so richtig gut tut. Außerdem ist es sinnvoll, die restlichen drei Bereiche, die allesamt für meine Schafe gedacht sind, direkt nebeneinander zu haben – das macht das Hin- und Herwechseln der Tiere sowie alle notwendigen Pflegemaßnahmen einfacher. Meine Wege im Stall sollen so kurz wie möglich sein: In einem Bereich neben den Ziegen sind meine Böcke untergebracht; sie verbringen – genau

wie die männlichen Ziegen – den ganzen Winter getrennt von den Damen in einer Art Bock-Wohngemeinschaft. Das nächste Abteil ist für die weiblichen Schafe reserviert, fast alle sind tragend. Die ersten werden bald entbinden ... Der vorderste Teil schließlich gehört dann den Müttern mit ihren Lämmern. Hier kann ich auch problemlos mit dem Hänger rückwärts ran fahren, wenn ich doch mal Schafe mit ihrem neugeborenen Nachwuchs von der Winterweide abholen und in den Stall bringen möchte. Jedes Abteil besitzt eine acht Meter lange Holzraufe, die mir das Füttern erleichtert und es zu einer annähernd sauberen Angelegenheit macht. Zudem kann ich hier übersichtlich den Gesundheitszustand eines jeden Tieres kontrollieren und schauen, ob alles in Ordnung ist und es jedem gut geht. Mit meinen angelegten und zugekauften Futtervorräten werde ich die Stallzeit normalerweise gut überbrücken können, jedoch gehört schon sehr viel Erfahrung und Einsatzbereitschaft dazu, die Schafe und Ziegen allesamt gesund über den Winter zu bringen.

Meine Tage zu dieser Jahreszeit beginnen und enden im Stall. Dazwischen die Arbeit auf der Winterweide, das macht mich am Abend müde und wärmebedürftig. Wenn ich erst mal zuhause und wieder sauber bin, die Hunde gefüttert sind und endlich auch ich mein wohlverdientes Abendessen bekommen habe, dann verlasse ich das Haus nur noch im äußersten Notfall noch mal. Den ganzen Tag war ich umringt von Schafen, Ziegen, Hunden, Staub und Lärm im Stall, Nässe und Kälte auf der Winterweide, abends möchte ich nur noch Ruhe und Wärme. Oft setze ich mich dann an meinen Schreibtisch und erledige mit einer Tasse Tee noch so manche Büroarbeit. Denn am nächsten Morgen geht es ja wieder von vorne los ... Bis ins Frühjahr hinein sehen meine Tage alle ähnlich aus und ich bin dankbar, wenn nichts Unvorhergesehenes passiert.

# Gesund durch den Winter

Ein Ausfall meinerseits durch Krankheit wäre natürlich nicht nur im Winter fatal, jedoch ist es zu dieser Jahreszeit wahrscheinlicher als während der restlichen Zeit des Jahres sich eine Erkältung oder Ähnliches einzufangen. So muss ich im Winter nicht nur besonders gut auf meine Tiere aufpassen, sondern auch auf mich. Der Großteil meiner Aufgaben wird von mir in Handarbeit erledigt, nicht selten läuft mir da auch bei Minustemperaturen der Schweiß von der Stirn. Anschließend muss ich sehr aufpassen, dass ich nicht auskühle. Auch bei der Arbeit im Stall droht das, denn man darf sich den nicht etwa besonders warm und kuschelig vorstellen. Nein, die gesamte Front ist offen. Zusätzlich ein hohes Dach sorgt für eine gute Belüftung und die wiederum ist wichtig für das Wohlbefinden der Schafe und Ziegen. Jetzt im Januar ist zwar die offene Vorderseite noch mit Stroh, Öhmd und Heuballen zugestellt, was den Tieren und mir als natürlicher Wind- und Wetterschutz dient, ziemlich »frisch« ist es dennoch im Stall. Entsprechend muss ich vorbereitet sein. Bei meiner Kleidung hat sich der so genannte »Zwiebellook« bewährt: Ich trage Baumwoll-Skiunterwäsche und wenn es sehr kalt ist noch eine zusätzliche Wollfunktion-Skiunterwäsche. Darüber ein Baumwollshirt und zwei dünne Strickjacken. Zum Schluss ziehe ich noch einen meiner dicken Lieblingspullover aus grauer Schafwolle an. Ich habe drei von der Sorte, die Ärmelabschlüsse sind bereits ein wenig ausgefranst, einige Löcher und Flecken haben sie auch schon. Aber so ein Wollpulli hält eben herrlich warm und wenn es regnet nimmt er viel Feuchtigkeit auf, ohne sich nass anzufühlen. Einen dieser Pullover zum Wechseln oder Drüberziehen habe ich im Winter eigentlich immer mit dabei. Bei meinen Winter-Arbeitshosen sind zwei Dinge wichtig: Sie müssen einigermaßen warm und trocken halten, zudem möglichst dehnbar und elastisch sein, damit ich für meine Arbeit genug Bewegungsfreiheit habe. Im Auto habe ich außerdem immer noch eine ganze Auswahl an zusätzlichen Jacken und verschiedenem Schuhwerk: Eben für jedes Wetter das Richtige, ob wasserdicht, besonders wärmend, leichter oder grob.

Bei der Stallarbeit ziehe ich meine ganz normalen Sportschuhe an. Mit zwei Paar Socken reicht das völlig aus. Wenn ich die drei großen Holzraufen mit Futter gefüllt habe, wird es mir sowieso warm und ein bis zwei Lagen der Kleidung werden kurzzeitig ausgezogen. Für draußen auf der Winterweide habe ich dann ein paar feste Wanderschuhe und wenn es sehr nass ist Gummistiefel. Meine Winterschuhe nehme ich in der Regel alle ein bis zwei Nummern größer, so dass neben dicken Socken auch meine Wolleinlegesohlen noch hinein passen. Für große Kälte besitze ich Thermostiefel, die bis -30 °C warm halten. Da ich in den Stiefeln aber nicht gut laufen kann, sie schwer und klobig sind, kommen sie wirklich nur im Notfall in Frage.

Die Schuhe, die ich früh als Erstes anziehe, stelle ich gerne für einige Zeit auf die Heizung, bevor ich das Haus verlasse. Ich liebe es, in vorgewärmte Schuhe zu schlüpfen und beim Verlassen des Hauses direkt warme Füße zu haben. Solange ich anschließend in Bewegung bleibe, werden sie auch erst mal nicht wieder kalt.

Meine Hunde warten ja schon auf ihre Morgenrunde, die täglich und bei jedem Wetter stattfindet. Sie haben die Nacht in einem separaten Raum im Haus verbracht, jeder besitzt seinen eigenen gemütlichen Schlafplatz und sie können nötigenfalls für ihr Geschäft durch einen kleinen Ausgang nach draußen in einen Auslauf. Es ist wichtig, dass sie in keinen geheizten Räumen leben müssen, denn sie würden dann keinen richtig dicken Winterpelz bekommen. Und ohne den würden sie den ganzen Tag draußen bei Wind und Wetter mit den Schafen und Ziegen nicht überstehen. Darum begrüßen wir uns morgens erst beim Verlassen des Hauses und es geht gemeinsam zum Stall, wo wir besagte Morgenrunde miteinander drehen: Eine Weile rumtoben und schnüffeln, miteinander spielen und »einfach Hund sein« bevor auch sie »die Arbeit ruft«, mit allem dazu gehörenden Ernst: Bei den Schafen und Ziegen müssen sie gehorchen und zuverlässig ihren Dienst tun – zu Hause und auf unserem Morgenspaziergang haben sie »frei«.

So beginnen meine Tage im Winter also alle mit dem Aufstehen lange vor Sonnenaufgang, einem guten Frühstück und dem Check der aktuellen Wetterlage. Reichlich Vesper und genügend heißer Tee werden eingepackt, denn viel Arbeit in der Kälte macht hungrig und durstig. Entsprechend dem Wetter ziehe ich mich dann dick an und führe die morgendliche Versorgung der Hunde durch. Erst dann geht es zum Stall, wo meine Schafe und Ziegen bereits auf mich warten und gefüttert werden wollen. Kalte Füße drohen erst wieder auf der Winterweide, vor allem wenn ich länger stehen muss, weil ich beispielsweise ein Tier genauer beobachten will. Halb erfrorene Zehen habe ich mehrmals im Winter, auch nach zwanzig Jahren habe ich noch keine Lösung gefunden, das ganz und gar zu vermeiden. Beim Wieder-warm-Werden schmerzen sie dann, werden dick und rot und ich fluche vor mich hin. Genauso meine Hände: Viele Arbeiten kann ich einfach nicht mit Handschuhen machen. Da hilft nur, die Hände immer mal wieder zumindest kurz in die selbst gestrickten Fäustlinge zu stecken oder sie in der dicken Wolle meiner zahmen Schafe aufzuwärmen. Ansonsten die Zähne zusammenbeißen, weiter arbeiten und auf die Wärme zu Hause am Abend freuen.

Wer sich für die Arbeit in der Landschaftspflege entscheidet, muss sich im Klaren darüber sein, dass diese zeitweise unwahrscheinlich hart und anstrengend ist. Vor allem im Winter wird mir das immer wieder bewusst. Wochenlanges nasskaltes Wetter, Temperaturen um 0 °C und dazu oft ein eisiger Ostwind, das zehrt schon sehr. Klar, man versucht, sich gesund zu ernähren und warm zu halten, aber wer hier nicht wirklich robust ist, der kann den Job schlicht nicht machen. Sieben Tage die Woche bin ich gefragt meine Arbeit gewissenhaft zu erledigen, ich darf nichts vergessen und muss mich konzentrieren; die Gesundheit meiner Tiere, aber auch meine eigene, hängt davon ab.

Darum lasse ich es mir auch nicht nehmen, wenn ich ein wenig Zeit habe tagsüber, meinen kleinen Bauwagen neben dem Stall einzuheizen und mich darin aufzuwärmen. Nach getaner Arbeit schmeckt das Vesperbrot umso besser und stärkt einen für die kommenden Aufgaben. Und die gibt es immer. Ich entsinne in solchen Pausen von der Arbeit öfter mal neue Projekte, ob in der Küche oder rund um die Schäferei. Oder aber ich rechne das vorhandene Futter zum wiederholten Male durch, ob es auch wirklich ausreicht. Man kann ja schließlich nie so genau wissen wie lange der Winter dauern und wie hart er noch werden wird. Manchmal träume ich auch einfach schon mal ein wenig vom Frühling, wenn die Tage wieder länger werden und mir Nässe und Kälte nicht mehr so zusetzen.

2 Personen
Zubereitungszeit: ca. 30 Minuten
zusätzliche Schmorzeit: mind. 1,5 Stunden

Zutaten:
2 Halsscheiben
etwas Öl zum Anbraten
150 g Zwiebeln, fein gehackt
6 Knoblauchzehen, fein gehackt
100 g Möhren, in Würfel geschnitten
250 g Tomaten, in Würfel geschnitten
1 EL Tomatenmark
125 ml Rotwein
200 ml Gemüsefond
Kräuter wie Rosmarin und Thymian, nach Geschmack
Salz, Pfeffer, gemahlen

Wurzelgemüse (je 3 - 4 EL Sellerie, Möhre, Lauch und Wurzelpetersilie), in ganz kleine Würfel geschnitten

Zutaten Gremolata:
3 - 4 Stängel Petersilie
einige Stängel zartes Möhrenkraut
1 kleine Knoblauchzehe
abgeriebene Schale einer Bio-Orange

Bandnudeln, ca. 100 g pro Person
etwas Spargelfaden o. ä.

# Schwäbisch-mediterrane Halsscheibe an Bandnudeln mit würziger Gremolata

Die Halsscheiben binde ich vor dem Anbraten mit einem Spargelfaden zusammen, so dass sie nicht auseinanderfallen. Die Zwiebeln und den Knoblauch gebe ich direkt mit in das heiße Öl. Dann folgen die Möhren, Tomaten und das Tomatenmark. Alles wird kräftig angebraten, bevor ich schließlich mit dem Wein und dem Fond ablösche sowie die Kräuter und Gewürze zugebe.
Bei 160 °C kommt alles für circa 1,5 Stunden in den Ofen. Währenddessen dünste ich die feinen Wurzelgemüsewürfel in etwas Olivenöl an und stelle sie für später zur Seite. Die Gremolata bereite ich ebenfalls in dieser Zeit zu. Die Zutaten dafür werden mit dem Wiegemesser ganz fein zerkleinert und miteinander vermengt; die Nudeln werden zwischenzeitlich gekocht.
Ist das Fleisch schließlich zart, reduziere ich die Soße, streiche sie durch ein feines Sieb und gebe anschließend die Wurzelgemüsewürfel hinein, die in der fertigen Soße noch ein paar Minuten garen dürfen. Schließlich wird alles appetitlich auf vorgewärmten Tellern angerichtet. Die Gremolata, die über den Nudeln verteilt wird, gibt dem Gericht sein feines südländisches Aroma.

4 Personen
Zubereitungszeit: ca. 20 Minuten
zusätzliche Schmorzeit: 2,5 Stunden

Zutaten:
1 kleine Lammschulter, halbiert
3 - 4 »Häxle« (kleine Haxen vom Lamm)
etwas Öl zum Anbraten
10 Schalotten, geschält, im Ganzen
100 g Knollensellerie, fein geschnitten
100 g Möhren, fein geschnitten
3 - 4 Knoblauchzehen
2 Tomaten, in Würfel geschnitten
1 kleine Dose Tomatenmark
1/2 l Gemüsebrühe
1 TL getr. Kräuter, nach Geschmack
1 Lorbeerblatt
2 Pimentkörner
2 Wacholderbeeren
Salz, Pfeffer, gemahlen
4 kleine Kartoffeln, geschält und gestückelt
1 kleine Möhre, grob geschnitten
1 Handvoll frische Petersilie, gehackt

Dazu gibt's frisches Baguette und ein Glas trockenen Rotwein.

# Deftig sättigender Schäfertopf aus dem Backofen

Zuerst wird das Fleisch in Öl angebraten. Mit in den Bräter gebe ich die Schalotten im Ganzen, nehme nach dem Anbraten jedoch fünf davon wieder raus und lege sie zur Seite. Dafür kommt das geschnittene Gemüse dazu sowie der geschälte fein gehackte Knoblauch und die Tomatenwürfel. Auch das Tomatenmark brate ich kurz mit an, bevor mit der Gemüsebrühe abgelöscht wird und ich zum Schluss noch die Kräuter und Gewürze zugebe. Anschließend kommt der geschlossene Bräter zum Schmoren bei maximal 160 °C für 1,5 Stunden in den Backofen.
Nach dieser Zeit gebe ich die Kartoffeln, die restlichen Möhren und Schalotten dazu und alles kommt nochmal ohne Deckel für eine knappe Stunde in den Ofen.
Bei Bedarf kann noch etwas Flüssigkeit in Form von Brühe zugegeben werden.
Wenn die Kartoffeln gar sind und das Fleisch eine feine braune Kruste gebildet hat, ist der Schäfertopf fertig. Im Schmortopf mit geschlossenem Deckel bleibt er bei Bedarf lange warm.
Vor dem Servieren bestreue ich ihn noch mit frischer Petersilie und serviere dazu das Baguette und einen trockenen Rotwein.

# Tee von frischen Hagebutten

Extra-Tipp

Hagebuttentee besitzt einen ganz feinen Geschmack, der an den Duft von Rosen erinnert. Vor allem im Winter tut dieses Vitamin-C-reiche Heißgetränk mit der zart-roten Farbe gut. Für eine Kanne lasse ich eine Handvoll frisch gesammelter Hagebutten für circa 10 Minuten leicht in 1 Liter Wasser köcheln und gieße den Tee dann durch ein feines Sieb direkt in meine Thermoskanne, bereit zum Mitnehmen.

Hagebutten können für einen Teeaufguss bis lange in den Winter hinein frisch in der Natur gesammelt und direkt verwertet werden. Nur wer sie trocknen möchte, sollte darauf achten, dass die Früchte dafür noch keinen Frost abbekommen haben.

Dann jedoch klappt es problemlos, indem man sie ganz oder halbiert für einige Stunden bei circa 80 °C auf einem mit Backpapier ausgelegten Backblech im Ofen trocknet. Die Hagebutten müssen komplett durchgetrocknet sein, bevor sie in einem luftdichten Gefäß aufbewahrt werden können; sonst verderben sie leicht.

Ich trinke fast jeden Tag im Winter meinen Hagebuttentee und stärke damit auf natürliche und vor allem leckere Weise mein Immunsystem.

»Wer es süß mag, der rührt in seinen fertigen heißen Tee einen Löffel heimischen Honig ein!«

Kaputte Zäune und Lämmergeschrei

# FEBRUAR

# Die Lammzeit ist des Schäfers Glück

In diesen Tagen komme ich immer schon besonders früh am Morgen zum Stall. Bereits vor dem Öffnen der Stalltür höre ich die unverkennbaren zarten Stimmchen neugeborener Lämmer. Trotz meiner langjährigen Erfahrung überkommt mich bei diesem Geräusch immer noch große Freude, aber auch ein wenig Aufregung: Geht es allen gut? Wie viele Lämmer sind heute Nacht auf die Welt gekommen? Nicht verwunderlich, dass ich sofort zu den frisch gebackenen Mutterschafen gehe und unser sonst zuallererst statt findendes Futterritual erst einmal warten muss.

Auf den ersten Blick sehe ich, dass alle Schafe entspannt und ruhig sind, ein gutes Zeichen. Lautes Blöken der Mütter oder gar Panik würde bedeuten, dass eines der Tiere Schmerzen hat oder Lämmer im Trubel »verloren gegangen« sind. Meist finde ich jedoch zu meiner Erleichterung nur einträchtiges Mutterglück vor, um die Kleinen wird sich innig gekümmert. Mit älteren erfahrenen Schafen, die bereits Nachwuchs hatten, gibt es in der Regel kaum Probleme. Da bin auch ich entspannter. Trotzdem wird jede Mutter und jedes Lamm von mir eingehend untersucht, der Nabel der Neugeborenen desinfiziert, damit sich nichts entzündet und das Euter der Mütter überprüft, so dass die Kleinen auch wirklich problemlos trinken können.

Die Lämmer, die in der Nacht geboren wurden, sind natürlich längst trocken geleckt und haben bereits die so genannte »Biestmilch« getrunken. Diese wird auch »Erstmilch« oder »Kolostrum« genannt und ist die erste Nahrung nach der Geburt. Sie enthält besonders viele Proteine, Enzyme, von der Mutter gebildete Antikörper und noch einiges mehr. Für die Immunabwehr der neugeborenen Lämmer ist es sehr wichtig, diese Milch zu trinken. Darum ist der Drang eines gesunden Lammes auch groß, kaum geboren, aufzustehen und unmittelbar das Euter der Mutter zu suchen. Das hat die Natur gut eingerichtet.

Entdecke ich Zwillinge unter den Neugeborenen, dann dürfen die mit ihrer Mutter erst mal in einen eigenen kleinen abgetrennten Bereich umziehen. Die Erfahrung hat gezeigt, dass Zwillingsmütter sich dort in den ersten Tagen wohler fühlen, da sie im Gewühl der Herde nicht auf zwei Sprösslinge gleichzeitig achten müssen. Sie haben in einem eigenen Pferch schlicht weniger Stress. Auch junge unerfahrene Schafmütter trenne ich mit ihren Lämmern gerne erst einmal für ein oder zwei Tage von der restlichen Herde ab: Die Mutter-Lamm-Bindung kann sich so festigen und sich in Ruhe um das Neugeborene gekümmert werden.

Erst wenn alle frisch gebackenen Mutterschafe und ihre Lämmer gut versorgt und möglichst »sortiert« sind, geht es mit der regulären Fütterung und Pflege aller anderen Schafe und

Ziegen los. Ich darf mich von deren inzwischen ziemlich lautem empörten Gezeter nicht hetzen lassen, denn in der Enge des Stalls und bei der Unruhe unmittelbar vor dem Fressen würden kleine Lämmer oder neugeborene Zwillinge in der Gruppe einfach untergehen. Ihre Mütter würden sie dann panisch suchen und das Chaos wäre schließlich perfekt. Also mache ich alles in Ruhe und mit Bedacht der Reihe nach.

Während des Fressens kann ich dann all die anderen Schafe begutachten, die bereits in den letzten Tagen oder eben noch nicht gelammt haben. Fünf Monate sind Schafe tragend, die meisten meiner Schafdamen werden im Laufe des Septembers gedeckt, so dass jetzt im Februar die allermeisten Lämmer zur Welt kommen. Als Schäferin kann ich die Lammzeit beeinflussen, indem ich den Zeitpunkt bestimme, zu dem die Böcke in die Schafherde kommen. Theoretisch könnten sich meine Schafe zwar über das ganze Jahr hinweg fortpflanzen, mir erscheint der Februar aus verschiedenen Gründen jedoch als der geeignetste Monat.

So begutachte ich also meine noch tragenden Schafe im Stall gründlich und versuche, anhand ihres Bauchumfangs bereits abzuschätzen, ob sie Einlinge oder Zwillinge bekommen werden oder ob es mit einer Schwangerschaft diesmal vielleicht gar nicht geklappt hat. Nur durch ein sehr aufmerksames Beobachten kann ich auch eventuell auftretende Probleme rechtzeitig erkennen, wenn beispielsweise ein Schaf nicht so recht fressen mag, sich abseits hält und sich Phasen des Erstarrens und des Unruhig-umher-Laufens abwechseln. Dieses Schaf behalte ich dann besonders im Blick. Die dafür notwendige Zeit muss ich mir nehmen und abwarten, wie es weiter geht und ob sich die bevorstehende Geburt doch noch normal weiter entwickelt. Wenn dem nicht so ist, muss ich die werdende Mutter mit meinem so genannten »Fangstock« aus der Gruppe holen und sie genauer untersuchen.

Normalerweise sollten bei der Geburt eines Lammes beide Vorderfüße zuerst zu sehen sein, auf den Vorderbeinen ruhend als Nächstes das Köpfchen. Wenn das nicht so ist, das Lamm also falsch liegt, ist meine Hilfe gefragt: Ich kann zum Beispiel ein nach hinten abgewinkeltes Vorderbeinchen zurechtrücken und es der Mutter so erleichtern, die Geburt wieder voranzubringen. Bei recht großen Lämmern kann ich durch vorsichtiges Ziehen behilflich sein. Ich muss bei Komplikationen auf jeden Fall abschätzen können, ob ich es alleine zum Guten wenden kann oder ob ich zum Handy greifen und den Tierarzt verständigen muss. Wenn nach solcher Aufregung Mutter und Lamm wohlauf sind, ist es für mich jedenfalls ein guter Start in den Tag.

Nicht immer läuft nämlich alles glatt und es gibt leider auch Totgeburten oder Missbildungen bei den Schafen. Auch sind schon Mutterschafe bei der Geburt verendet oder wir mussten sie schließlich erlösen. Trotz aller Achtsamkeit kommt es ebenfalls manchmal vor, dass frisch geborene Lämmer und Mütter sich im Getümmel der Herde im Stall verlieren und zum Schluss dann ein Lamm ohne Mutter da steht. Gebiert gerade zufällig ein anderes Schaf, kann ich während der Geburt versuchen, dieser Mutter das »übrig gebliebene« Kleine zusätzlich zum eigenen mit unterzujubeln, indem ich es mit deren Geburtssekret einreibe. Manchmal klappt es und ich kann das Mutterschaf austricksen. Ansonsten muss ich das Lämmchen mit der Flasche aufziehen. Denn freiwillig und ohne Tricks würde keine meiner Schafmütter ein verwaistes Lamm adoptieren. Im Gegenteil: Fremde Lämmer werden in der Regel relativ vehement weggeboxt.

Nach der Stallarbeit geht es dann direkt zur Winterweide. Vorsichtshalber nehme ich gleich mal meinen kleinen Viehanhänger mit, um nötigenfalls Schafe und ihre neugeborenen Lämmer mit zum Stall nehmen zu können. Wenn das Wetter nicht zu garstig ist und die Mütter und Lämmer wohlauf sind, ist diese Maßnahme zwar nicht unbedingt nötig, aber sicher ist sicher. Lämmer draußen auf der Weide zur Welt bringen zu lassen hat große Vorteile: Zuerst einmal haben die Schafe viel mehr Platz zur Verfügung, dadurch mehr Ruhe und weniger Stress. Auf der Winterweide kommt es auch nicht vor, dass Mütter ihre Lämmer »verlieren«, auch nicht bei Zwillingsgeburten. Alles geschieht ganz natürlich fernab der restlichen Tiere. Die Mütter wählen den Zeitpunkt intuitiv richtig, sich mit dem Nachwuchs wieder der Herde anzuschließen. Der zweite große Vorteil ist die Sauberkeit draußen auf der Weide, die Gefahr einer Infektion durch Bakterien ist um ein Vielfaches geringer als im Stall. Wenn dann die jeweilige Mutter die Geburt auch noch reibungslos hinbekommt und sich gewissenhaft um ihr Lamm kümmert, indem sie es trocken leckt und säugt, gibt es nichts Besseres als eine Geburt unter freiem Himmel.

Natürlich wähle ich die Weiden im Februar sorgfältig aus, so dass es möglichst einen guten natürlichen Wetterschutz in Form von Hecken, Büschen und Bäumen gibt; dafür jedoch keine Gräben oder Bäche, in die kleine Lämmer stürzen könnten. Auch die Erreichbarkeit mit dem Auto muss gewährleistet sein, so dass ich im Notfall Mütter und Lämmer jederzeit abholen und zum Stall transportieren kann.

So füllt sich dieser im Laufe des Februars nach und nach auch mit Schafen von der Winterweide. Ich bin täglich am »Umquartieren« und »Hin- und Herräumen«, damit alle Tiere Platz finden und ich auch noch den Durchblick behalte. Nahezu jeden Tag kommen neue Lämmer auf die Welt, das geht den ganzen Februar hindurch so weiter. Dann endlich sind die meisten Lämmchen geboren und im Stall herrschen eine herrliche Unruhe und ein lustiges Durcheinander: Junge Schafe sind wahnsinnig verspielt und nutzen jede Möglichkeit, um zu rennen und zu toben. Es macht mir eine unwahrscheinliche Freude, die quirligen Lämmer zu beobachten und ihnen beim Wachsen und Gedeihen zuzusehen. Sie sind mein ganzer Stolz und eine große Freude.

Einer erfolgreichen Lammzeit mit viel gesundem Nachwuchs geht ein ganzes Jahr harter Arbeit voraus. Nur wenn ich alles richtig gemacht habe, werde ich jetzt für meine Mühen belohnt. Darum heißt es für mich auch – trotz der vielen Arbeit: Die Lammzeit ist die schönste und wichtigste Zeit des Jahres!

# Funktionierende Zäune sind wichtig

Neben den unzähligen neugeborenen Lämmern beschäftigen mich ab Mitte Februar auch schon einige Vorbereitungen für das Frühjahr: Es ist unter anderem an der Zeit, alle feststehenden Zaunanlagen unserer Weiden zu kontrollieren und – falls nötig – auszubessern. Schäden durch Äste oder ganze Bäume, die im Winter auf Umzäunungen gefallen sind, müssen behoben werden. Zaunpfosten aus Holz können durchgefault und umgekippt sein und müssen ersetzt werden. Und ja, leider gibt es auch Fälle von Vandalismus, beispielsweise durchgeschnittene Zaunlitzen oder Ähnliches. Da jetzt noch genügend Zeit für Reparaturarbeiten bleibt, bis ich die Weiden in ein paar Wochen wieder mit den Tieren nutze, werden noch im Februar alle feststehenden Zäune draußen Meter für Meter abgegangen und auf ihre Tauglichkeit hin überprüft.

Ich betreibe eine so genannte »Koppelschafhaltung«. Das heißt, meine Tiere beweiden bestimmte eingezäunte Stücke Land (auch Koppeln genannt), angrenzende Flächen dürfen sie nicht betreten. Logisch, dass nur funktionierende Zäune dafür sorgen können, dass die Tiere sich auch tatsächlich an die Beweidungspläne von uns Menschen halten. Dabei gibt es zwei unterschiedliche Arten von Zaun: Zum einen meine mobilen Weidenetze, die ich erst kurz vor der Beweidung aufstelle und anschließend sogleich wieder abbaue, um das Land beispielsweise für eine andere Nutzung frei zu machen. Zum anderen feststehende Zaunanlagen mit tief im Boden versenkten Pfosten, die Gebiete einzäunen, die wir immer wieder beweiden und die für keine andere Nutzung gebraucht werden – zum Beispiel Naturdenkmäler, Steinbrüche oder ähnliche Flächen.

Meine mobilen Weidenetze sind jeweils fünfzig Meter lang, neunzig Zentimeter hoch und wiegen sechs bis acht Kilogramm. Jetzt im Winter lagern über die Hälfte davon sauber aufgerollt in meinem extra dafür angeschafften Weidenetz-Anhänger, denn für die Umzäunung der Winterweide brauche ich aktuell vergleichsweise wenige Meter Zaun. Anders im Sommer, wenn ich neben der Weide für die Schafdamen auch noch Flächen extra für die Jungtiere, Böcke und Ziegen einzäunen muss. Dann ist tatsächlich auch noch das letzte Weidenetz im Einsatz und ich bin nahezu tagtäglich damit beschäftigt, irgendwelche Zäune auf und wieder ab zu bauen. Auf ebenen trockenen Flächen kann ich die Netze mit dem Auto und besagtem Hänger ausfahren. Sind die Weiden jedoch extrem matschig oder befinden sich an Hängen, wo ich mit dem Auto nicht hinkomme, muss ich ziemlich schleppen und weit laufen, bis ich die Zäune da habe, wo ich sie haben möchte. Und dann ist ja erst die halbe Arbeit gemacht: Das Aufrichten kostet noch einmal viel Kraft und Mühe, denn jede Zaunstange muss mit dem Hammer tief und fest in den Boden geklopft und die Zaunelemente nach und nach stramm gezogen werden. Regnet es, werde ich dabei klitschnass. Ist es kalt, frieren mir die Hände ein. Manchmal ist der Boden

steinhart, dann bekomme ich die Stangen mit den Metallspitzen kaum fest genug in den Boden. Im Sommer kann ich diese Arbeit nur in den kühlen Morgenstunden erledigen, denn es ist wirklich eine Schinderei. Ich gebe zu, für mich eine der unbeliebtesten Arbeiten in meinem Schäferinnenalltag. Aber es muss eben sein. Da hilft auch kein Jammern über schmerzende Gelenke und überbeanspruchte Sehnen in Armen und Händen. Noch verdränge ich meist die Gedanken daran, wie es einmal sein wird, wenn ich diese Arbeit schlicht nicht mehr bewältigen kann.

Die feststehenden Zaunanlagen, die jetzt im späten Winter kontrolliert werden müssen, sind da für mich schon eine große Erleichterung. Wenn sie erst einmal stehen, halten sie bei guter Pflege und Wartung an die zehn Jahre. Ein weiterer Vorteil ist, dass sie »wildoffen« sind: Weder Rehe, Hasen oder Igel und eben auch keine Schafe und Ziegen können sich darin verfangen. Jedoch ist ihre Anschaffung teuer und das Aufstellen der Pfosten ein Knochenjob: Damit sie den später straff gespannten Draht halten, müssen sie mindestens einen Meter tief in den Boden getrieben werden. An zugänglichen Stellen kann das maschinell gemacht werden, an steilen Hängen jedoch muss jeder Pfosten in Handarbeit eingegraben werden. Die Kosten für den Bau einer solchen festen Zaunanlage würde mein Budget komplett sprengen; daher bin ich darauf angewiesen, dass die jeweiligen Auftraggeber, in der Regel also die zuständigen Gemeinden, diese Kosten übernehmen. Ich kann lediglich einen Teil der Wartung

übernehmen: Den Draht flicken und nötigenfalls zusammen mit meinem Mann den ein oder anderen morschen Pfosten austauschen. Das liebe Geld bestimmt auch hier – wie fast überall – wer sich um etwas kümmert. Oder eben auch nicht. Und da ich letztlich die bin, die ihren Kopf hinhalten muss, wenn Tiere später ausbrechen und Schaden anrichten, bin auch ich die, die am Ende – wenn es kein anderer tut – die Arbeit an den Zäunen erledigen muss.

Der jährliche Freischnitt am Zaun entlang und um die Pfosten herum ist so eine Arbeit. Sie muss unbedingt gemacht werden, damit möglichst keine Gräser, Büsche oder andere so genannte »Ableiter« an den Draht heran ragen und den Strom, unter dem alle ausbruchsicheren Viehzäune stehen müssen, vom Zaun wegbringen. Denn wenn nicht genug Strom durch den Zaun fließt, merken das die Tiere ganz schnell, verlieren den Respekt und brechen schließlich aus. Dies kann – neben dem Fressen auf unerlaubten Nachbargrundstücken – in einer Umgebung voller Straßen im schlimmsten Fall zu fürchterlichen Unfällen führen. Mir graut davor und ich habe auch schon so einiges erlebt ... Daher scheue ich die Arbeit an den Zäunen letztlich nicht, auch wenn sie so anstrengend und zeitraubend ist. Ein guter Zaun minimiert schließlich die Gefahr eines Ausbruchs der Herde und das wiederum schützt sowohl die Gesundheit meiner Tiere als auch meine Nerven und meinen Geldbeutel. Und nicht zuletzt auch meine Mitmenschen, denen meine Tiere unterwegs vors Auto laufen oder sie anderweitig gefährden könnten.

2 - 4 Portionen - je nach Hunger
Zubereitungszeit: ca. 1 Stunde
zusätzliche Schmorzeit: mind. 1,5 Stunden
Achtung: Bohnenkerne über Nacht einweichen lassen!

Zutaten:
150 g gemischte Bohnenkerne
1 Lorbeerblatt
500 g Lammfleisch, in Würfel geschnitten
Öl zum Anbraten
2 Knoblauchzehen
1 Zwiebel
1 EL Tomatenmark
$^1/_4$ l Weißwein
$^1/_2$ l Gemüsebrühe
Salz, Pfeffer, gemahlen
Rosmarin, Thymian, Bohnenkraut, klein gehackt
50 g Sellerie, fein gewürfelt
2 große Möhren, fein gewürfelt
400 g festkochende Kartoffeln, geschält und gewürfelt

Zutaten Pesto:
50 g frischer Portulak
1 Handvoll Walnusskerne
Olivenöl, nach Bedarf
Salz, Knoblauch, gemahlen

# Bohneneintopf mit Lammfleisch und Portulak-Walnuss-Pesto

Die über Nacht eingeweichten Bohnenkerne lasse ich mit dem Lorbeerblatt für circa 1 Stunde separat köcheln. Währenddessen brate ich das Lammfleisch scharf in Öl an und gebe auch die kleingehackte Zwiebel, den ebenfalls gehackten Knoblauch und das Tomatenmark dazu. Schließlich lösche ich alles mit dem Wein und der Brühe ab und gebe Gewürze und Kräuter dazu. Die Brühe stelle ich übrigens aus 2 - 3 Teelöffeln meiner selber gemachten Gemüsewürze her (siehe Extra-Tipp). 1 Stunde kommt der geschlossene Topf dann bei circa 180 °C in den Ofen. Nach dieser Zeit gebe ich die Kartoffeln, den Sellerie und die Möhren dazu und der Eintopf darf für weitere 30 Minuten schmoren. Erst circa 5 Minuten vor Ende der Garzeit kommen die Bohnenkerne dazu und ich schmecke das Gericht ab.
Das Pesto habe ich während der Schmorzeit bereits hergestellt, indem ich die Zutaten im Mixer zu einer Paste vermengt habe. Portulak gibt es frisch im Februar auf dem Wochenmarkt, stattdessen kann aber auch Petersilie verwendet werden. Das Pesto wird als Topping direkt auf dem Eintopf angerichtet oder aber auf Scheiben frischen Baguettes dazu gereicht.

2 Personen
Zubereitungszeit: ca. 40 Minuten

Zutaten:
4-6 Ziegenkäsetaler - je nach Portionsgröße
4-6 EL Haselnusskerne, möglichst fein gehackt
Saft von 1/2 Zitrone
2-3 EL Weißwein
2-3 EL Leitungswasser
2 Scheiben einer Bio-Birne
1 EL brauner Zucker
1 Handvoll Wintersalat und Wildkräuter
2 Scheiben Brot, z. B. Vollkornbaguette
Olivenöl zum Braten

# Gebratene Ziegenkäsetaler mit Haselnusskruste an Birne mit Weißweinsauce

Zuerst wälze ich vorsichtig die Käsetaler in den Haselnusskernen. Die Kerne müssen gut festgedrückt werden. Für 20 Minuten lege ich die panierten Käsetaler dann ins Gefrierfach, weil sie sich in eiskaltem Zustand später besser braten lassen.

Zwischenzeitlich bereite ich einen Sud aus Zitronensaft, Wein und Wasser, indem ich alle drei Zutaten gründlich miteinander verrühre. Die beiden Birnenscheiben schwenke ich vorsichtig im heißen Topf, in dem ich vorher den braunen Zucker geschmolzen habe. Dazu gebe ich dann vorsichtig den Weinsud. Die Birne gart nun kurz, bis sie weich, aber noch bissfest ist.

Der Wintersalat und die Wildkräuter können nach dem Waschen und Abtropfen bereits auf den Tellern angerichtet werden. Dazu kommt dann je eine Birnenscheibe und etwas von der Sauce. Falls diese zu flüssig ist, kann sie mit etwas Speisestärke angedickt werden, bis eine eher cremige Konsistenz entsteht. Ich verwende übrigens Birnenscheiben mit Schale, Stiel und Kerngehäuse - das sieht hübsch aus auf den Tellern.

Die Brotscheiben schneide ich in kleine Würfel und röste sie von allen Seiten in heißem Olivenöl bis sie goldbraun und rösch sind. Dann garniere ich sie als Croutons auf den Tellern. Zum Schluss brate ich im heißen Öl kurz die Käsetaler von beiden Seiten an. Dabei ist Vorsicht geboten, da die Nusskruste schnell verbrennt und der Käse rasch zerläuft.

Die Taler werden zu guter Letzt auf den vorbereiteten Tellern angerichtet und lauwarm serviert.

Extra-Tipp

# Körnige Gemüsewürze

Wer seine Würze für alle Saucen und Suppen selber herstellt, der weiß genau, welche Inhaltsstoffe in seinem Essen landen.

Ich verwende nicht einmal Salz, nur Kräuter und Gemüse je nach Jahreszeit. 1 Kilo unterschiedliches Gemüse (beispielsweise Lauch, Sellerie, Möhren, Wurzelpetersilie, Zwiebeln und Knoblauch) wird grob geschnitten und mit dem Mixer meiner Küchenmaschine fein zerkleinert. Dazu gebe ich nach Belieben klein gehackte Kräuter: Für meine »Gartenkräutermischung« Liebstöckelkraut, Dill, Petersilie und Schnittlauch. Für meine »Mittelmeermischung« Basilikum, Thymian, Majoran, Rosmarin, Bohnenkraut und Lavendel. Alles wird im Ofen auf einem mit Backpapier ausgelegten Blech bei 80 °C Umluft für circa 4 - 5 Stunden getrocknet. Damit die Feuchtigkeit entweichen kann, sollte die Backofentür einen Spalt breit offenbleiben.

Danach vermenge ich die Masse gründlich und trockne sie für weitere 2 - 3 Stunden im Ofen, bis sie sich zwischen den Fingern zerkrümeln lässt. Anschließend kommt alles noch einmal in den Mixer. Wenn die Würze abgekühlt ist, fülle ich sie in luftdicht verschließbare Gläser.

»1 Kilo Gemüse ergibt 2 kleine Twist-Off-Gläser Gemüsewürze«

Schülerbesuche und Markttage

# März

# Kurze Wege – schonende Schlachtung

Ob man Liebhaber von Lamm- oder Zickleinfleisch wird, entscheidet sich oft schon nach wenigen Bissen: Findet man es zart, fettarm und schmeckt es nach »Natur« und den Kräutern auf den Weiden, dann wird die Begeisterung Bestand haben und weiter wachsen. Schmeckt es jedoch eher »wabbelig« und fettig, so ein bisschen nach »altem Schafbock«, wird man es wohl nie wieder freiwillig anrühren.

Vor allem von älteren Menschen bekomme ich immer wieder zu hören, Schaf- und Ziegenfleisch würde »bockeln«, also ziemlich streng riechen und schmecken. Diese Ansicht kommt meines Erachtens nach von früher, als in Kriegs- und Nachkriegszeit Fleisch knapp war und darum jedes verfügbare Tier geschlachtet wurde. Natürlich auch Böcke nach der Geschlechtsreife. Und von denen schmeckt das Fleisch nun mal so, wie sie lebend riechen. Wenn ich an den »Duft« eines Bockes in der Brunft denke, kann ich die Abneigung gegen Fleisch, das so schmeckt, vollkommen nachvollziehen. Das würde ich auch nicht runter bekommen …

Dann aber erzählen mir Kunden wiederum, sie hätten im Urlaub – vor allem in südlichen Ländern wie zum Beispiel Griechenland – Zicklein oder Lamm gegessen und es hätte fantastisch geschmeckt. Das tut es tatsächlich, wenn die Tiere im richtigen Alter geschlachtet werden und sie bis dahin Bewegung hatten, Regen und Sonne spüren durften und an der frischen Luft lebten. Tiere aus der Landschaftspflege können sich an allerlei Buschwerk, Wiesenblumen, verschiedenen Gräsern und Kräutern wie Thymian, Salbei und Majoran gütlich tun. Sie wachsen verhältnismäßig langsam und setzen kaum Fett an, so entsteht ein hervorragendes Fleisch.

Während die Politik über Tierwohl diskutiert, viele Tiere unter schlimmsten Bedingungen leben und sterben müssen und mehr und mehr Verbraucher die mangelnde Qualität der Produkte kritisieren, muss ich mir darüber zum Glück keine Gedanken machen. In der Schäferei wird das Tierwohl sowie die Qualität des Endproduktes schon immer gelebt. Und das ist auch heute noch so. Das Schlachten einzelner Tiere gehört zwar zur Nutztierhaltung mit dazu und ist daher auch aus meinem Leben nicht wegzudenken, jedoch kann man viel dazu beitragen, dass der Gang zum Metzger möglichst stressfrei für die Tiere abläuft und ihr Leben bis dahin lebenswert und würdevoll verläuft.

Wenn meine Lämmer ungefähr vier bis fünf Monate alt sind, werden die kräftigsten Böckchen unter ihnen heraus gesucht. Bei der so genannten »Lebendschau« werden die Tiere vom Tierarzt begutachtet und müssen für den Verzehr zugelassen werden. Kranke Tiere dürfen nämlich nicht geschlachtet und als Lebensmittel weiterverarbeitet werden. Auf diese Art und Weise werden alle 14 Tage sechs oder sieben junge Schafe zum Metzger gefahren. Die Tiere kennen sich untereinander, sie kennen auch den Hänger und gehen gerne hinein. Es riecht vertraut und es gibt frisches Heu darin. Der Metzger ist mein Nachbar, darum dauert die Fahrt auch nur fünf Minuten. Dort angekommen gibt es keine langen Wartezeiten, die Tiere werden zügig geschlachtet. Alles passiert so stressfrei und rasch wie möglich; auch das wirkt sich selbstverständlich auf die Fleischqualität meiner Tiere aus.

Die »Fleischbeschau« nach der Schlachtung bestätigt in der Regel, dass ich alles richtig gemacht habe und ein hochwertiges Produkt vorliegt. Es gibt strenge Vorgaben, die innerhalb der EU überall gleich sind. Vier Formulare müssen ausgefüllt werden. Wir müssen unter anderem bestätigen, dass die Tiere

keine Medikamente mit Wartezeit bekommen haben und beispielsweise keine Symptome der so genannten »Blauzungenkrankheit« vorliegen. Alles hat seine Ordnung und geht unter größtmöglichen Hygienestandards vonstatten. Das Fleisch wird schließlich gestempelt und hängt dann einige Tage ab, bevor es fachmännisch zerlegt wird, so wie es meine Kunden sich wünschen.

Der ganze Aufwand und die geringen Stückzahlen wirken sich natürlich auf die Schlachtkosten aus. Je weniger Tiere geschlachtet werden, desto höher sind unter anderem die Kosten für die Fleischbeschau. Das ärgert mich immer wieder, denn die Massentierhaltung sowie Massenschlachtungen werden damit ja unterstützt; und ich mit meinem kleinen Betrieb werde quasi »bestraft«. Trotzdem könnte ich mir keine andere Möglichkeit vorstellen, Fleisch »mit gutem Gewissen« zu produzieren. Seit fast zwanzig Jahren arbeite ich nun auch schon mit demselben Metzger zusammen. Ich kann mich auf ihn verlassen. Und er sich auf mich. Wir sind ein eingespieltes Team. Aus meiner Sicht kann und sollte Direktvermarktung ausschließlich so funktionieren.

Zwei Möglichkeiten gibt es anschließend, wie mein Fleisch aus der Landschaftspflege seinen Weg zum Verbraucher findet: Ein Teil meiner Kunden holt es sich frisch direkt beim Metzger ab. Den anderen Teil des Fleisches lasse ich bei ihm in kleine Portionen einvakuumieren, es ist so länger haltbar und auch hygienischer. Diese Päckchen wiederum nehme ich samstags mit zum örtlichen Wochenmarkt, um sie an meinem Stand zu verkaufen. Kurz vor Ostern beginnt für mich die Marktsaison und wer bei mir einkauft, bekommt Zubereitungstipps und bei Bedarf auch genaue Kochanleitungen gratis mit dazu. Der Kundenkontakt ist mir wichtig, im Gespräch erfahre ich vieles

über die Vorstellungen und Wünsche der Leute. Umgekehrt kann ich »aufklären« und beispielsweise über die Herkunft und Besonderheiten meines Fleisches informieren. Auch ist es mir ein Anliegen, mit oben beschriebenen Vorurteilen gegenüber Lamm- und Zickleinfleisch aufzuräumen.

Geschmorte Schulter oder »Häxle« sind für etliche Kunden inzwischen eine Delikatesse. Auch mein Gulasch ist immer ganz schnell ausverkauft. Zu Ostern wird Lammkeule verlangt und im Sommer stehen Steaks zum Grillen ganz hoch im Kurs. Wir verwerten stets das ganze Tier, darum werden auch Innereien angeboten, die unter Liebhabern ihre Abnehmer finden. Auch gebrühte Bratwürstchen oder geräuchte Schäferwurst verkaufen wir. Beide eignen sich hervorragend zum Grillen oder zur Brotzeit. Wenn es beim Schlachten schöne Felle gibt, dann werden sogar die weiter verarbeitet: Sie werden gesalzen, zum Gerben gebracht und später wiederum von mir auf dem Markt verkauft.

Meine Fleischsaison dauert von März bis ungefähr Ende Dezember, nahezu jeden Samstag stehe ich in meinem Verkaufswagen auf dem Wochenmarkt und bin wirklich stolz auf die Ware, die ich meinen Kunden anbieten kann. Ich bekomme zum Glück viel positives Feedback und das wiederum motiviert mich, genau so weiter zu machen. Ende des Jahres gehen wir dann mit der Vermarktung in die Winterpause, in der neue Kitze und Lämmer geboren werden. Der Kreis schließt sich und meine Kunden können sich ab März des nächsten Jahres erneut auf das leckere und begehrte Fleisch aus der Landschaftspflege freuen.

# »Darf ich's mal streicheln?«

Wenn eine Horde lärmender Schüler am Stall ankommt, ist es erst mal vorbei mit dem beschaulichen Schäferinnenalltag. Auch meine Tiere wissen mittlerweile schon ganz genau, was dann kommt. Ich habe großen Spaß mit den Kindern, daher freue ich mich jedes Mal auf diese Zeit voller Staunen, Fragen und Entdecken. Kinder haben oftmals eine ganz eigene Sicht auf die Dinge, die für mich immer wieder auch lehrreich und berührend ist. Umgekehrt liegt es mir sehr am Herzen, den Kindern einmal einen ganz natürlichen und intuitiven Eindruck in den Umgang mit Natur und Tieren zu geben, fernab von Computer und Fernseher.

Darum werden auch gleich bei ihrer Ankunft alle Handys zusammen mit den Rucksäcken im Bauwagen verstaut, bevor wir in den Stall gehen. Die Handys, damit die Schüler ihre Umgebung nicht ausschließlich durch die Kamera wahrnehmen und die Rucksäcke, damit sich neugierige Schafe und Ziegen nicht daran zu schaffen machen. Auch die Benimmregeln im Stall und im Umgang mit meinen Tieren müssen kurz besprochen werden. Normalerweise habe ich alles Wichtige zwar vorab mit dem Lehrer der Kinder abgeklärt und er hat sie auf den Besuch bei mir vorbereitet; in der Aufregung jedoch kann es schnell passieren, dass bereits Besprochenes einfach wieder vergessen wird.

Mir ist es wichtig, dass die Kinder meinen Betrieb nicht als eine Art »Streichelzoo« wahrnehmen, obwohl manche Tiere sich natürlich gerne anfassen lassen, sondern einen »echten« Einblick bekommen in die Arbeit des Schäfers, den Umgang mit den Tieren und die Verantwortung für Umwelt und Natur. Darum halte ich auch keine langen theoretischen Vorträge, sondern möchte, dass die Kinder möglichst viel hautnah miterleben können: Beispielsweise wie Apfeltrester riecht und dass Heu und Stroh durch die Kleidung pikst ... Wie es sich anfühlt, die Hände in der Wolle eines Schafs zu vergraben und welche Geräusche junge Ziegen und Lämmer machen ... Quasi »nebenbei« erfahren sie viel Wissenswertes über die unterschiedlichen Bereiche meiner Arbeit.

Darum geht's dann auch gleich los mit der Versorgung der Tiere: Jedes Kind darf sich einen Arm voll Stroh nehmen, seitlich in die Futterraufe klettern und es von da aus zu den Schafen in den Pferch werfen. Dieses Vorgehen habe ich mir ausgedacht, weil es die Tiere doch sehr stressen würde, wenn alle Schüler direkt zwischen ihnen im Schafpferch herumlaufen würden. Anschließend wird die Raufe von einem der Kinder sauber gefegt und wiederum jeder darf einen Arm voll Heu hinein legen. Das Heu schaue ich mir dann mit den Kindern auch immer genauer an: Gräser und Blumen sind noch gut zu erkennen. Heu ist nicht gleich Heu. Aber meines, von einer Wiese voller Artenvielfalt, besitzt auch in getrocknetem Zustand noch allerlei Blüten, Kräuter, große und

GAP

kleine Blättchen und vieles mehr. Wir riechen daran, befühlen die einzelnen Bestandteile und versuchen uns in Pflanzenbestimmung. Alles geschieht ganz spielerisch, die Kinder bringen sich nach bestem Wissen mit ein. Auch der große Ballen Heulage wird in diesem Zusammenhang eingehend untersucht. Es ist schon ein herrliches Bild, eine Gruppe Kinder schnuppernd rings um den Ballen stehen zu sehen, die darüber fachsimpeln, ob Heulage nun eher süßlich oder säuerlich, gut oder schlecht, riecht.

Während des Fütterns haben die Kinder viel Zeit um den Kontakt zu den Tieren zu suchen. Die wiederum haben Zeit, sich an den Trubel in ihrem Stall zu gewöhnen. Die neugierigen unter ihnen kommen heran, schnuppern an Kinderhänden, knabbern hier und da an einem Schuh oder Hosenbein und lassen sich vielleicht sogar behutsam streicheln. Auch für die Tiere soll alles auf freiwilliger und stressfreier Basis vonstattengehen. Immer wieder mal kommt es dann zu sehr innigen Kontakten einzelner Schafe mit bestimmten Kindern. Das rührt mich sehr und ich frage mich fasziniert, was da wohl zwischen diesen beiden Lebewesen geschieht in solchen Momenten.

Schnell ist für mich sowieso zu erkennen, welche Kinder gerne aktiv mit dabei sind, mich mit Fragen löchern und überall mit Hand anlegen wollen und welche Kinder sich erst einmal mehr im Hintergrund halten, durch Beobachten lernen und einfach mal die Abwechslung vom stressigen Schulalltag genießen. Beides möchte ich möglich machen. Kleinen »Rabauken« drücke ich nach dem Füttern den Besen in die Hand, sie dürfen sich beim Fegen des Stalls verausgaben. Dann sind sie beschäftigt und anschließend auch etwas ruhiger. Andere sitzen einfach mal eine halbe Stunde im

Stroh und schauen sich alles zuerst lieber aus der Ferne an. Richte ich mein Wort an sie, haben sie jedoch meist auch sehr gut aufgepasst und nichts verpasst.

Trotzdem erschrecke ich ab und zu, wie weit entfernt manche Kinder von so einem natürlichen Stallumfeld sind: Sie haben Angst sich schmutzig zu machen oder fürchten sich vor den Tieren. Diese Kinder finden dann häufig auch, dass es im Stall »stinkt« und fragen nach dem »wie lange noch« und »wann« anstatt im Hier und Jetzt ihre Umgebung zu entdecken. Gerade zu diesen Kindern versuche ich einen Zugang zu bekommen, binde sie bewusst in die Stallarbeit mit ein und weise sie auf interessante Kleinigkeiten hin; einfach um ihnen bei ihrem Stallbesuch Erfahrungen zu ermöglichen, die in ihrem täglichen Leben offenbar keinen Raum mehr haben. Ihr Alltag ist vollgestopft und durchorganisiert, oftmals stehen Schulkinder heutzutage enorm unter Druck. Da ist so ein Besuch im Schafstall eine aus meiner Sicht wichtige sehr wertvolle Abwechslung und geradezu ein Event.

Genau darum wurde der Verein »Lernort Bauernhof im Heckengäu e.V.« gegründet. Er möchte Kindern und Jugendlichen landwirtschaftliche Betriebe und deren Besonderheiten in der Praxis näher bringen und so Einfluss nehmen auf die Entwicklung und das soziale Miteinander der nächsten Generationen. Ich bin von diesem Prinzip begeistert, seit ich das allererste Mal vor vielen Jahren eine Gruppe Kindergartenkinder zu Besuch hatte und mich der Enthusiasmus und die Freude der Kleinen angesteckt und mitgerissen haben.

Heute laufen alle Schulklassen- und Kindergartenbesuche bei mir über diesen Verein, der auch meine Bezahlung übernimmt. Den Schulen, die sich für einen Besuch anmelden,

entstehen keine Kosten. Vermutlich nicht zuletzt deswegen sind die begrenzten Termine bei mir während der Stallzeit zwischen Dezember und April rasch vergeben und manchmal gab es sogar schon Wartezeiten.

So wird also von den Schülern nach dem Füttern auch das Tränken der Tiere übernommen: Auf der Suche nach dem Wasserhahn laufen sie wie selbstverständlich die zwanzig Meter Schlauch ab, die nach draußen in die Zisterne führen. Es wird geknobelt, überlegt und geraten, wie das denn nun gehen kann, dass da Wasser raus kommt. Schließlich wird per Fernbedienung die Pumpe in der Zisterne in Betrieb gesetzt, die dann Wasser mit hohem Druck nach oben befördert. Der Schlauch muss gut fest gehalten werden, sonst spritzt man sich und alles in der Umgebung nass. Nicht selten hängen am Ende zwei oder drei Kinder am Schlauch um ihn zu bändigen und von Wasserkübel zu Wasserkübel zu zerren. Ein Erlebnis für alle miteinander.

Wenn noch ein wenig Zeit verbleibt und das Wetter es zulässt, erkunden wir gemeinsam mit den Hunden auch die Umgebung des Stalls. Da sammeln die Kinder dann Grünzeug und Zweige zum Abknabbern für die Tiere. Auch so manches Fallobst vom letzten Herbst ist noch zu finden und wird aufgelesen. Über das Futter für meine Tiere wird an solchen Tagen sowieso ganz viel gesprochen und die Kinder haben ein großes Interesse daran, was überall wächst und gedeiht – und was davon die Tiere fressen dürfen. Richtig viel gibt es zwar in der Natur noch nicht zu dieser Jahreszeit, aber hier und da ein bisschen Klee, Schafgarbe und Löwenzahn ist durchaus schon zu entdecken. Die Kinder freuen sich immer sehr, wenn wir anschließend unsere »Schätze« an die gierigen Schafe und Ziegen im Stall verfüttern.

Schließlich wird sich zu einer Abschlussrunde vor dem Stall getroffen, in der jeder seine noch offenen Fragen stellen darf. Die Lehrer haben mit den Schülern meistens vorab schon einen kleinen Fragenkatalog erarbeitet – die meisten Fragen haben sich während des Vormittages jedoch bereits von ganz alleine beantwortet. Für alle weiteren ist nun noch Zeit. Und dann endlich dürfen die Kinder noch kurz ihre Handys holen, um gegenseitig von sich und den Tieren ein paar Bilder zu schießen und sich gleichzeitig auch von ihnen zu verabschieden. Das ist immer wieder sehr rührend mit anzuschauen.

Ein für die Kinder beeindruckender Vormittag geht zu Ende: Die Kleidung noch voller Strohhalme, an den Händen der unverwechselbare Geruch nach Tieren und Stall – eine kleine Handvoll Wolle aus dem großen Wollkorb neben der Stalltür steckt bei den meisten auch in der Jackentasche. Und wie ich hoffe, sind sie ebenfalls um ein paar Erfahrungen reicher und gehen mit vielen neuen Eindrücken zurück in ihren Alltag.

2 Personen
Zubereitungszeit: ca. 45 - 60 Minuten

Zutaten:
4 - 6 Lammkoteletts
etwas Öl zum Anbraten
ca. 180 g Risotto-Reis
etwas Gemüsebrühe oder Weißwein
8 - 10 Stangen grüner Spargel
frische Frühlingskräuter bzw. -blüten,
bspw. Veilchen, Schnittlauch, Gundermann
Pfeffer, Salz, gemahlen
Majoran, Rosmarin, Thymian, getrocknet, fein gehackt

Zutaten Marmelade:
500 g Rhabarber
400 g Gemüsezwiebel
1 kleines Stück Ingwer, nach Geschmack
2 Knoblauchzehen
2 EL Öl
1 Prise rotes Chilipulver
200 g brauner Zucker
1 TL Salz
1 Prise Pfeffer, gemahlen

# Lammkoteletts an Frühlingsrisotto mit Spargel und fruchtig-scharfer Marmelade

Den Reis koche ich nach Packungsangabe, entweder mit Weißwein oder aber in Gemüsebrühe. Währenddessen stelle ich die Rhabarber-Zwiebel Marmelade her, indem ich die Zwiebeln, den Knoblauch und den Ingwer schäle, fein schneide und in heißem Öl glasig andünste. Dazu kommt dann Chili, Zucker sowie Pfeffer und Salz. Alles lasse ich circa 5 Minuten leicht vor sich hin köcheln. Anschließend gebe ich den gewürfelten Rhabarber hinzu und koche die Marmelade so lange, bis der Rhabarber weich ist, jedoch nicht zerfällt. Einen Teil davon lasse ich abkühlen für das Essen, den Rest fülle ich noch heiß in kleine Twist-Off-Gläser und hebe ihn auf für andere Gerichte mit kurzgebratenem Lammfleisch. Der Spargel wird nicht geschält, bei Bedarf kappe ich nur die unteren Enden, dann wird er innerhalb weniger Minuten in Salzwasser weich gekocht.
Die Koteletts brate ich von beiden Seiten scharf an und lasse sie anschließend noch für circa 5 Minuten im vorgeheizten Backofen bei 100 °C ruhen.
Zwischenzeitlich richte ich auf den Tellern das Risotto, den Spargel und die Marmelade an und garniere alles mit den frischen Kräutern und Blüten.
Zum Schluss lege ich noch die Koteletts dazu, würze sie kräftig und serviere.

4 Personen
Zubereitungszeit: 1 Stunde
zusätzliche Ruh-Zeit: 1 Tag

Zutaten:
Lammwürstchen, alternativ Ziegenfrischkäse
1 kleine Kaffeetasse voll Linsen
250 g Suppengemüse
1 große Kartoffel, mehlig kochend
1 kleine Zwiebel
1 Knoblauchzehe
Olivenöl zum Andünsten
1 - 2 EL Tomatenmark
ca. $^{3}/_{4}$ Liter Gemüsebrühe, je nach Konsistenz
1 TL Kräutermischung, getrocknet
1 Lorbeerblatt
Salz und Pfeffer, gemahlen

Zutaten Brot:
500 g Dinkelmehl (150 g Dinkelvollkornmehl und 350 g Dinkelmehl 630)
1 Handvoll klein gehackte Wal- und Haselnüsse
1 kleiner Apfel, fein geschnitten
1 Prise Salz
10 g Hefe
etwas Wasser

# Linsensuppe mit gebratenen Lammwürstchen oder Ziegenfrischkäse und Apfel-Nuss-Brot

Bereits am Vortag habe ich alle Zutaten für das Brot zu einem Teig verknetet und diesen über Nacht im Kühlschrank gehen lassen. Vor dem Backen wird aus dem Teig ein Laib geformt und dieser noch mal für eine Stunde bei Zimmertemperatur stehen gelassen. Dann darf das Brot für circa 15 Minuten bei 210 °C in den Ofen, anschließend weitere 45 Minuten bei 180 °C.
Die Linsen werden 15 - 20 Minuten separat al dente gekocht. Währenddessen schneide ich das Suppengemüse in grobe Stücke und dünste es in Öl an. Dazu kommen die geschälte und in Stücke geschnittene Kartoffel sowie die fein gehackte Zwiebel und Knoblauchzehe. Dann gebe ich das Tomatenmark hinzu, bevor ich alles mit der Brühe ablösche und die Gewürze beifüge. Ungefähr 20 Minuten darf die Suppe anschließend köcheln, bevor ich sie mit dem Stabmixer püriere, abschmecke und schließlich die Linsen zugebe. Die Lammwürstchen schneide ich in Scheiben und brate sie kurz an, bevor ich sie zu der Suppe gebe. Diese wird in Suppentassen mit fein geschnittenem Schnittlauch angerichtet. Statt der Würstchen kann als vegetarische Variante auch ein Klecks Ziegenfrischkäse an die Suppe gegeben werden.
Dazu gibt es Scheiben des frischen Apfel-Nuss-Brots, lecker mit Ziegenfrischkäse und Schnittlauch.

Extra-Tipp

# Apfelsmoothie

Aus den letzten Lageräpfeln im Keller mache ich gerne einen wunderbar frisch schmeckenden Smoothie. Der ist nicht nur lecker und weckt die ersten Frühlingsgefühle, er steckt außerdem auch voller wichtiger Vitamine, Mineral- und Ballaststoffe.

Für 2 Personen nehme ich 1-2 kleine rotbackige Äpfel, die gewaschen, jedoch nicht geschält, in kleine Stücke geschnitten werden. Stiel und Kerngehäuse entferne ich natürlich. Die Apfelstückchen gebe ich dann in einen hohen schmalen Becher und fülle mit Fruchtsaft auf, bis sie bedeckt sind. Ich verwende gerne den Saft von 3 frisch gepressten (Blut-)Orangen, lecker schmeckt der Smoothie jedoch beispielsweise auch mit Quitten- oder Traubensaft.

Mit dem Stabmixer püriere ich das Ganze dann bis zur gewünschten Konsistenz und fülle den Smoothie in 2 Gläser. Garnieren kann man ihn jeweils noch mit ein paar ganz fein geschnittenen Apfelwürfelchen oder einer Orangenscheibe. Wer sich einen wahren Gesundheitsbooster verabreichen möchte, der verwendet statt des zweiten Apfels eine geschälte und in Stücke geschnittene Kiwi und reibt in den Becher vor dem Pürieren noch ein circa 1 Zentimeter langes geschältes Stückchen Ingwer hinein.

»Smoothies sind die leckere Alternative für alle Obst- und Gemüsemuffel!«

Frühlingsluft und nackte Schafe

# APRIL

# Die letzten Stalltage

Der Frühling ist da und uns fällt im Stall so langsam die sprichwörtliche Decke auf den Kopf. Die Schafe riechen das frische Grün draußen und schnuppern die wärmer werdende Luft. Sie werden von Tag zu Tag unruhiger. Und mir reicht die harte aufreibende Stallarbeit nun auch so langsam. Im Stall ist es immer staubig und laut, meine Hände schmerzen schon lange von der vielen Silage, die ich in den letzten Monaten in die Futterraufen geschaufelt habe. Auch ich sehne mich danach, die Stalltüren endlich öffnen und mit den Tieren nach draußen gehen zu können. Jedoch müssen wir uns noch ein paar Tage gedulden: Bevor nicht alle Grassilage-Ballen aufgefressen sind, geht es nicht raus. Unsere Futtervorräte müssen erst vollständig verwertet werden.

Daher bleibt es vorerst noch bei unseren morgendlichen Ritualen: Wenn ich den Stall betrete, liegen die meisten Schafe noch friedlich wiederkäuend auf ihren Stammplätzen. Nach und nach erheben sie sich und schauen neugierig dabei zu, wie ich frisches Stroh einstreue. Wir stehen in einer Staubwolke und das ein oder andere Schaf knabbert ein wenig an den Halmen herum. Meine Brille wird nun das erste (aber nicht das letzte) Mal am Tag schmutzig. Noch ist alles einigermaßen ruhig.

Wenn ich jedoch anfange, die Futterraufen sauber zu fegen und fürs Frühstück der Schafe vorzubereiten, geht das Geblöke los. Ein ohrenbetäubender Lärm breitet sich im Stall aus. Mutterschafe und ihre Lämmer bekommen als erstes ihre Portion so genanntes »Lämmerkorn«. Das ist ein energiereiches Zusatzfutter, das ergänzend zu Muttermilch und Raufutter gegeben werden kann, so dass Wachstum und Gesundheit bestmöglich unterstützt werden. Die Schafe lieben es und verdrücken es in kürzester Zeit. Anschließend fange ich an, die obligatorische Grassilage zu schaufeln, das Hauptfutter meiner Schafe im Winter. Unmengen davon wandern in die Raufen. Ab ungefähr der Hälfte spüre ich meine Arme nicht mehr und ich strotze vor Dreck. Meine Hände werden davon schon seit Wochen nicht mehr richtig sauber. Jedoch werde ich bald entlohnt: Ich liebe den Moment, wenn endlich alle Raufen gefüllt sind, jedes Schaf seinen Platz gefunden hat und schließlich wieder Ruhe einkehrt. Es ist nur noch das Geräusch zufriedenen Fressens zu hören. Ich atme durch und genieße dieses traute Zusammensein jeden Tag aufs Neue.

Nichtsdestotrotz freue ich mich vermutlich genauso sehr wie meine Schafe darüber, dass es ein paar Tage später endlich so weit ist: Der letzte Ballen Futter ist aufgebraucht und das Wetter passt auch, alle dürfen aus dem Stall. Das ist immer mit ein wenig Nervenkitzel verbunden, da die meisten Lämmer bisher ja nur den Stall kennen und gar nicht wissen, warum »die Großen« so aufgeregt sind. Die Mütter sind hin und her gerissen: Einerseits möchten sie einfach nach draußen an die frische Luft stürmen, gleichzeitig zögern sie und rufen nach ihren Lämmern, die sie zum Mitkommen bewegen wollen.

Es muss zwar nur der Weg vorm Stall überquert werden, um auf die Weide zu gelangen, jedoch verpassen die meisten Lämmer trotzdem den Anschluss und bleiben bläkend im Stall zurück. Der Freiheitsdrang ihrer Mütter ist einfach zu groß und vermutlich wissen sie auch, dass ich ihnen ihre Kinder im wahrsten Sinne des Wortes hinterhertragen werde. So warten also die Mutterschafe bereits draußen, während ich jedes »zurückgelassene« Lamm einzeln zur Weide bugsiere.

Nach ungefähr einer Stunde sind alle wieder vereint und nach kurzem Suchen hat auch jede Mutter wieder ihr Kind gefunden. Ich freue mich und auch meine Schafe sehen glücklich aus: Die Erwachsenen stürzen sich sofort auf das frische Grün, die Lämmer laufen umher, schnuppern hier und dort und erkunden ihre neue Umgebung. Schließlich fangen sie miteinander das Spielen an. Sie alle genießen die Freiheit, Sonne und frische Luft. Das ist es, was ich eine artgerechte Haltung nenne.

Noch sind die Weiden relativ klein, die meine Schafe ab jetzt täglich abweiden dürfen. Ihr Pansen muss sich erst umstellen auf frisches Gras, es darf nicht zu viel auf einmal sein am Anfang der Saison. Sonst drohen gefährliche Verdauungsstörungen, die bis zum Tod führen können. Darum ist Vorsicht geboten und ich füttere noch eine Weile jeden Tag duftendes trockenes Heu zu. Zurück in den Stall wird es nur noch einmal kurz am Tag der Schur gehen, außer das Wetter zwingt uns dazu, noch einmal länger drin zu bleiben.

Die Herde gewöhnt sich nun langsam auch wieder an die Hunde. Sie haben sich über den Winter ja kaum gesehen, außer mal quasi »im Vorbeigehen« im Stall. Die Lämmer

müssen nun außerdem nach und nach lernen, mit der Herde mitzulaufen. Vor allem jedoch müssen die Schafe sich wieder daran erinnern, sich an mir zu orientieren und mit mir zu kommen, wenn ich das möchte. Bis zur Schafschur in ein paar Tagen habe ich also mit den Vorbereitungen für die Saison alle Hände voll zu tun.

Und meine Herde, die den Winter draußen verbracht hat, geschützt durch dicksten Pelz, gibt es ja auch noch. Auf vielen uns von Bauern zur Verfügung gestellten Flächen haben sie in den letzten Monaten genügend Futter gefunden. Jetzt werde ich sie jedoch mit zum Stall holen, so dass die Herden bis zum Schertermin wieder vereint sind. Die Ziegen sind ebenfalls schon draußen. Irgendwann im Frühjahr sind sie einfach nicht mehr im Stall zu halten. Versucht man es doch, brechen sie aus – ein Loch findet sich immer, verwüsten den Stall oder meine Hochbeete dahinter. Also haben wir uns darauf »geeinigt«, dass sie jedes Jahr mehr oder weniger selber entscheiden, wann es Zeit wird, nach draußen zu kommen. Nämlich dann, wenn ihre Unruhe im Stall ins nahezu Unerträgliche wächst. Bis zur Schafschur bleiben aber auch sie in der Nähe des Stalls, danach teile ich sie auf: Manche von ihnen werden die Saison in den Steilhängen und Steinbrüchen an der Glems verbringen, ein anderer Teil wird mich und die Schafe bei unseren Wanderungen begleiten und wieder andere werden die kleinen steilen Naturdenkmäler beweiden, gemeinsam mit den Schwarznasenschafen.

Mit dem Ende der Stallzeit fällt für mich eine große Arbeitsbelastung weg, die neue Saison ist eingeleitet und bringt vermutlich wieder viele neue spannende Erfahrungen. Ich freue mich schon darauf.

# Schafe müssen geschoren werden

In der Regel Ende April werden meine Schafe geschoren. Die Wolle, die über den Winter vor Regen, Kälte, Wind und Schnee geschützt hat, muss nun runter. Denn im dicken Pelz können sich nicht nur viele Parasiten einnisten, sondern es verheddert sich auch allerhand Gestrüpp und Schmutz darin. Kleinere Verletzungen bleiben zudem unentdeckt. Außerdem verfilzt die Wolle mit der Zeit, die Schafe würden bei wärmeren Temperaturen furchtbar schwitzen, da der Temperaturhaushalt im Filzkleid nicht mehr funktioniert. Die Schafschur ist also ein absolutes Muss, tierschutzrechtlich zum Wohle der Schafe.

Darum ist es nicht verwunderlich, dass die Männer, die den Job als »Scherer« übernehmen, begehrt sind. Denn jeder Schäfer muss im Frühjahr seine Schafe dieser Prozedur unterziehen. Das Handwerk des Scherens ist hart, es erfordert ungemein viel Ausdauer und Kraft: In möglichst kurzer Zeit müssen möglichst viele Schafe geschoren werden. Ich habe den Termin mit »meinem« Trupp Schafscherer bereits im Februar ergattert. Sie sind zuverlässig und kommen glücklicherweise gerne zu mir. Über die Bezahlung diskutiere ich nicht mit ihnen, ich bin froh, dass sie – seit nunmehr zehn Jahren – so gute Arbeit leisten.

Schon Tage vor dem ausgemachten Termin muss der Stall vorbereitet werden. Die ganze Herde, die mit den Lämmern nun rund 300 Tiere umfasst, soll ohne Probleme hinein getrieben werden können. Zum Glück sind die Ziegen bereits seit einigen Wochen draußen, so dass im Stall nun für das geplante Vorhaben genügend Platz ist. Die Scherer brauchen nämlich Platz, sauber muss er sein, trocken bei Regenwetter und schattig bei Sonnenschein. Im Bestfall dann noch, wie bei uns, einige gesicherte Stromanschlüsse und bei Bedarf künstliches Licht.

Nicht auszudenken, wie es früher einmal war, als jedes Schaf noch mit einer Handschere von seiner Wolle befreit wurde. Es muss eine wahre Tortur gewesen sein. Auch heute noch sind die Hände der Männer stark und kräftig, gezeichnet von der harten Arbeit. Mit einem zappelnden Schaf fertig zu werden, das nur seine Flucht im Kopf hat, ist kein Kinderspiel. Das Ganze aber mit hunderten von Schafen durch zu machen ist wirklich kräftezehrend. Zum Glück gibt es einen bestimmten Griff, mit dem man ein Schaf auf sein Hinterteil befördern kann, angelehnt an den Scherer. So hält es still und innerhalb weniger Minuten ist die Wolle dann ab.

Manchmal gibt es kleine Kratzer, die versorgt werden müssen, bevor das Schaf wieder »entlassen« wird. Jedoch ist es natürlich immer Ziel, die Tiere ohne Verletzungen zu scheren. In einem weiteren Schritt werden noch die Klauen geschnitten und ganz allgemein jedes Schaf genau unter die

makita

Lupe genommen und kontrolliert, ob auch alles mit ihm in bester Ordnung ist. Das kostet zwar mehr Zeit, dafür habe ich dann am Ende aber eine genaue Übersicht meines Bestands inklusive Gesundheitscheck. Auch bekommen die Schafe im Zuge ihrer Untersuchung ein Mittel gegen Parasiten verabreicht, schließlich sollen alle fit durch den Sommer kommen.

Es ist »viel« an diesem Tag, für mich ist die Arbeitsbelastung enorm. Ich bin wirklich jedes Mal wieder am Rande meiner Kräfte. Und das, obwohl mir viele Helfer zur Seite stehen und mich unterstützen. Früh um fünf Uhr wirft mich am Tag der Schur der Wecker aus dem Bett. Nach einem kurzen Frühstück versorge ich die Hunde, die heute einen Ruhetag einlegen müssen; Arbeit für sie gibt es erst wieder nach der Schur, wenn die Schafe auf die Weide dürfen. Die Herde muss gleich nach meiner Ankunft am Stall kontrolliert werden, sie steht bereits seit gut einem Tag drinnen. Die Schafe dürfen bei der Schur nämlich nicht nass sein. Heute gibt es für sie auch nur ein bisschen Stroh zum Frühstück, richtig zu Fressen gibt es erst nach dem Scheren.

Alles ist in Vorbereitungsstimmung: Die Verpflegung der Scherer muss sichergestellt und vorbereitet sein, sie essen und trinken an so einem Tag natürlich Unmengen. Pünktlich erscheinen am Stall dann auch meine Helfer und schließlich der Scher-Trupp. Nach einer kurzen Lagebesprechung wird der Scherstand aufgebaut und ich teile die Helfer ein: Es braucht so genannte »Zuträger«, möglichst kräftige große Männer, die jedes Schaf fangen und dem jeweiligen Scherer bringen. Auch die Helfer für die weiteren Pflegemaßnahmen müssen eingewiesen werden und sich entsprechend vorbereiten. Und dann muss natürlich auch die abgeschorene Wolle immer wieder zusammengefegt und in Säcke gefüllt werden.

Nach der Schur und dem Gesundheitscheck muss jedes Schaf in einen dafür vorbereiteten Pferch gebracht werden, getrennt nach Rassen. Viele einzelne Zahnräder, die bestmöglich versuchen ineinanderzugreifen und so einen reibungslosen und effizienten Ablauf garantieren. Ich bin Handlanger für alle, bin überall dort, wo Hilfe gebraucht wird, behalte möglichst den Überblick und koordiniere das Geschehen.

Während der Schur ist es wahnsinnig laut im Stall: Es rattern die Schermaschinen, es läuft Musik, die Lämmer rufen nach ihren Müttern, die sie im Gewimmel nicht finden können, Schafe blöken unwillig, weil sie keine Lust haben auf die ganze Prozedur, Menschen rufen sich Anweisungen zu und der ein oder andere Fluch kommt uns auch über die Lippen, wenn mal was nicht so wie gewünscht klappt. Die Scherer müssen trotz allem gewissenhaft arbeiten. Immer nach ein paar Schafen werden die Scherblätter geölt, damit die Schermaschinen gut ihren Dienst tun können und die Schur möglichst problemlos verläuft. Bei jeder Hautfalte des Schafs wird aufgepasst, so dass es eben nicht zu Verletzungen kommt. Nach der Schur sind die Tiere immer erst mal kurz verwirrt, wahrscheinlich ist es ein ganz neues Gefühl, so ohne Wolle von jetzt auf gleich da zu stehen. Sie verlieren schließlich ein Gewicht von bis zu 3,5 Kilogramm. Es sieht auch so aus, als bräuchten sie einen Moment, sich gegenseitig wieder zu erkennen und sich zurechtzufinden.

Jedes Schaf ist natürlich ein Individuum, jedes hat seinen eigenen Charakter. Das merken vor allem die Helfer, die rund um das Scheren für Ordnung und ein reibungsloses Zuarbeiten sorgen sollen. Es gibt Schafe, die sind sehr geduldig und lassen alles stoisch über sich ergehen, andere sind schreckhaft, entwischen immer wieder, verstecken sich in der Herde und es ist mühsam, auch sie endlich einfangen zu können. Wieder andere sind regelrechte Ausbruchskünstler, die versuchen über den Zaun zu springen und auszubüchsen. Generell ist das Handhaben eines Schafes mit Hörnern leichter – entgegen der landläufigen Meinung, da man solche Schafe leichter festhalten, dirigieren und »weitergeben« kann. Die Böcke stellen allein durch ihre immense Kraft und Größe eine besondere Herausforderung dar, nicht zuletzt aber auch durch ihren »eindringlichen Duft«, der nichts für feine Nasen ist.

Was für ein Hochgefühl, wenn endlich alle Schafe »nackig« sind. Ein großer Stein fällt mir dann vom Herzen. Vom Feierabend jedoch bin ich noch lang entfernt: Die Schafe haben Hunger und dürfen deshalb nun auf die Weide. Das Wetter ist zum Glück gut, es ist warm und kein Regen in Sicht. Eine frisch geschorene Herde darf nämlich in den ersten Tagen

nicht Wind, Nässe und kalten Temperaturen ausgesetzt werden. Darum werden wir auch die nächste Zeit noch in der Nähe des Stalles bleiben, so dass bei Bedarf darin Schutz gesucht werden kann. Die Weide für die Schafe habe ich schon vor einigen Tagen vorbereitet. Nun muss ich nur noch das Stalltor öffnen und alle rennen erleichtert auf die frische grüne Wiese direkt gegenüber.

Auch die Scherer und Helfer sind froh, dass es wieder einmal geschafft ist. Alle packen zusammen und ich versorge noch meine Hunde, die bereits sehnsüchtig auf mich warten. Meine Hände riechen nach Wolle. Das Wollfett macht die Haut trotz des ganzen Drecks weich und zart. Der Geruch wird mir die nächsten Tage noch anhaften und mich an die Schafschur erinnern. Erst am nächsten Tag werde ich im Stall aufräumen. Bald, wenn sich die Schafe an ihr neues Körpergefühl gewöhnt haben, breche ich dann mit den Dorperschafen und einem Teil der Ziegen auf ins Naturschutzgebiet Mittelberg zu unserer ersten Wanderschaft des Jahres. Die Schwarznasenschafe werden den Sommer gemeinsam mit den Schwarzhalsziegen vorrangig in den kleinen steilen Naturdenkmälern verbringen. Zuerst einmal bin ich aber froh, dass meine Herde nun gut gepflegt in die neue Weidesaison starten kann.

2-4 Portionen - je nach Hunger
Zubereitungszeit: ca. 30 Minuten
zusätzliche Schmorzeit: 1 Stunde

Zutaten:
400 g Lammfleisch, in Würfel geschnitten
1 kleine Zwiebel
Öl
2 Knoblauchzehen
1 ca. fingergroßes Stück Ingwer
1 kleine Tomate
2 TL Currypulver
etwas Chili, grob gemahlen
weißer Pfeffer, gemahlen
1 TL Paprikapulver, nach Geschmack
1 TL schwarzer Sesam
1/8 l Weißwein
1/8 l Gemüsebrühe
2 kleine (oder 1 große) rote Paprika
1 TL Chilifäden zum Garnieren

Basmati-Reis als Beilage

# Scharfes Lammcurry mit Weißwein und Sesam

Zuerst schneide ich die Zwiebel klein und brate sie zusammen mit dem Fleisch in Öl an, bis alles leicht gebräunt ist. Dazu gebe ich den möglichst klein gehackten Knoblauch und Ingwer. Als Nächstes füge ich die in Stücke geschnittene Tomate und die Gewürze hinzu. Schließlich wird das Ganze mit dem Weißwein und der Gemüsebrühe abgelöscht.
Ich verwende für die Gemüsebrühe übrigens gerne meine selber gemachte Gemüsewürze aus Karotten, Sellerie, Lauch, Petersilie und Maggikraut (siehe Extra-Tipp Februar); es funktioniert aber natürlich auch mit Instantbrühe.
Das Curry lasse ich dann jedenfalls circa eine Stunde leicht vor sich hin schmoren. Die lange Garzeit macht das Fleisch zart und lässt die Gewürze sich entfalten.

Die in mundgerechte Happen gestückelte rote Paprika gebe ich erst circa 10 Minuten vor dem Ende hinzu, so bleibt sie bissfest und verkocht nicht.
Zum Schluss garniere ich die angerichteten Teller noch mit ein paar Chilifäden. Dazu passt perfekt Basmati-Reis. Wer möchte, genießt dieses Gericht passend mit Stäbchen.

2-4 Portionen - je nach Hunger
Zubereitungszeit: ca. 30 Minuten
zusätzliche Schmorzeit: 1 Stunde

Zutaten:
400 g Lammgulasch
etwas Öl
1 Zwiebel
3 Knoblauchzehen
1 kleine Aubergine
1 EL Tomatenmark
2 TL Paprikapulver
Pfeffer, Salz, gemahlen
Thymian, Rosmarin, getrocknet, fein gehackt
1/8 l trockener Rotwein
1/8 l Gemüsebrühe
1 rote und 1 gelbe Paprika
evtl. etwas saure Sahne, nach Geschmack

Dazu gibt's frisches Baguette.

# Mediterranes Lammragout mit Aubergine

Zuerst brate ich das Lammfleisch scharf an. Währenddessen hacke ich die Zwiebel und den Knoblauch möglichst fein, gebe beides zum Fleisch und dünste es mit. Die Aubergine schneide ich in kleine Würfel, die kommt als Nächstes hinzu.
Anschließend füge ich das Tomatenmark und die Gewürze bei und lösche alles mit dem Rotwein und der Gemüsebrühe ab. Ich verwende meine eigene selber gemachte Gemüsewürze aus verschiedenem Wurzelgemüse und Gartenkräutern für die Brühe; wie man sie selber herstellen kann, verrate ich im Extra-Tipp des Monats Februar.
Dann muss das Ragout circa 1 Stunde sanft bei niedriger Temperatur schmoren. Immer mal wieder darf natürlich getestet werden, ob das Fleisch bereits zart ist. Naschkatzen kommen so schon vor dem Essen auf ihre Kosten. Erst kurz vor Ende der Garzeit gebe ich die in Würfel geschnittenen Paprika hinzu, so verkochen sie nicht und bleiben in mundgerechten bissfesten Stücken.
Gerne richte ich mein Ragout mit einem Klecks saurer Sahne an und reiche dazu frisches Baguette.

Extra-Tipp

# Frühling auf dem Teller

Wenn draußen zarte Gänseblümchen, die ersten Löwenzahnblättchen, leckere Radieschen und frische Kresse wachsen, bereite ich daraus gerne eine ganz besondere Vorspeise oder einen kleinen Snack - voller Vitamine direkt aus der Natur.

Zusammen mit Ziegenfrischkäse auf karamellisierten Apfelscheiben kommt nun Farbe und Frische auf den Teller. Pro Person rechne ich einige dünngeschnittene Apfelscheiben, das Kerngehäuse wird gegebenenfalls natürlich entfernt. Es sollten Äpfel mit roter Schale sein, je mehr Farbe, desto besser. 2-3 Esslöffel brauner Zucker wird im Topf erhitzt, bis er karamellisiert. Darin schwenke ich vorsichtig die Apfelscheiben und richte sie dann noch warm auf dem Teller an. Rasch jede Scheibe mit ein wenig Ziegenfrischkäse bestreichen und anschließend mit Gänseblümchen, klein geschnittenen Radieschen, Kresse und Löwenzahnblättchen dekorieren.

Ein dazu passendes Dressing stelle ich aus 2-3 Esslöffel Olivenöl, 2-3 Esslöffel Himbeeressig, Kräutersalz und Pfeffer her. Es rundet diesen leckeren Hingucker optimal ab.

»Zu meinem Frühling auf dem Teller passt perfekt ein Birnensecco und ein paar Scheiben Baguette!«

Wanderlust und Wollgeruch

# Mai

# Mit den Schafen unterwegs ins Naturschutzgebiet Mittelberg

Es ist früher Morgen. Ich bin schon fast zu früh dran, weil ich nicht mehr schlafen konnte. Zuviel geht mir vor unseren langen Wanderungen durch den Kopf. Obwohl ich am Vortag die Strecke, die wir heute laufen werden, mit dem Auto bereits abgefahren bin, gehe ich sie wieder und wieder in Gedanken durch: Hoffentlich sind die Wege alle frei. Gibt es vielleicht doch noch Hindernisse wie Baustellen oder Ähnliches, die bewältigt werden müssen? Ich kann es mir eigentlich nicht leisten, mit der Herde größere Umwege zu laufen oder gar umdrehen zu müssen. Daher versuche ich, alles vorab möglichst gut zu planen und den Überblick zu behalten. Auch mache ich mir Sorgen wegen des Wetters: Ist es zu warm, leiden die Schafe unter der Anstrengung. Sie laufen dann nur langsam, schnaufen stark und wir kommen kaum vom Fleck. Die unermüdlich arbeitenden Hunde können schlimmstenfalls einen Hitzschlag bekommen und letztlich schlagen sich zu hohe Temperaturen auch bei mir aufs Gemüt. Noch schlimmer als Hitze wäre jedoch ein Gewitter, weil dann zum einen die Hunde nicht mehr gut arbeiten und an mir dran hängen wie die Kletten, zum anderen auch die Schafe nicht weiter ziehen wollen, sondern sich Bäume zum Unterstellen und Verstecken suchen. Heute jedoch soll das Wetter mitspielen, die Wetter-App lässt mich aufatmen.

Als ich bei den Schafen ankomme, schlafen die meisten noch, nur ein paar sind schon gemütlich am Fressen. Noch ist es ganz still, nichts deutet auf die Aufregungen des kommenden Tages hin. In Kürze werden auch meine Helfer eintreffen, alleine mit meinen Hunden Luna und Molly wäre die lange Wanderschaft mit der Herde nämlich nicht zu bewältigen. Denn das Getreide steht verlockend auf den Feldern, auf den Wiesen wächst saftiges Gras bereits kniehoch und meine Schafe gieren nach der langen Stallzeit geradezu nach frischem Grün. Zusätzlich ist ein Wandern mit Lämmern immer eine besondere Herausforderung: Die Kleinen haben nur Dummheiten im Kopf, teilen sich ihre Kräfte nicht ein und können sich auch den Hunden gegenüber noch nicht ordentlich benehmen. So rennen sie mal an mir vorbei nach vorne und bleiben dann wieder weit hinten zurück um am Wegesrand zu naschen und zu spielen. Meine menschlichen Helfer brauche ich also auch, um die »Halbstarken« nah bei der Herde und von den Gärten in den Ortschaften fernzuhalten.

Die Sorge, meine Schafe zu überanstrengen, schwingt immer mit und so stehe ich jetzt hier, schaue über die (noch) friedliche Herde und bin mir meiner Verantwortung wieder einmal mehr als bewusst. Hundeleine, Handy, Warnweste und

Sprudelwasser habe ich in meinen Rucksack gepackt. Hinter der Herde wird uns heute außerdem noch ein Versorgungsauto mit Hänger begleiten, vor allem um Schafe, die nicht mehr weiter können, auflesen und transportieren zu können. Im Hänger fährt auch ein fünf Tage altes Lämmchen mit, das zum Laufen einfach noch zu klein ist.

Und dann geht es los. Zuerst muss die Herde aus der zwei Hektar großen umzäunten Waldweide raus. Es gibt nur einen Ausgang oben im Eck. Die Hanglage der Weide verspricht erstmal eine kleine steile Klettertour – auch für meine Helfer, die dafür sorgen sollen, dass kein Schaf zurückbleibt und die eben vor allem auch auf die Lämmer achten müssen. Mit meinem Lockruf »Komet, Komit, Komet, Komit« wird den Schafen und Hunden das Kommando zum Abmarsch gegeben. Die Schafe wissen, dass es nun losgeht. Und die Hunde wissen, dass sie die Herde zusammentreiben dürfen. Die Ziegenböcke sind schon drei Wochen lang auf dieser Weide. Die Schafe habe ich vor zwei Tagen mit dazugesellt. So können nun alle gemeinsam mit zur Frühjahrsbeweidung ins Naturschutzgebiet Mittelberg.

Das Verlassen der Koppel klappt gut, wir marschieren los. Die Sonne begleitet uns über Felder und Wiesen. Wie erwartet ist es ziemlich schwer, die Herde vom frischen Grün der Felder und Wiesen fernzuhalten. Wir geben alle unser Bestes, jedoch bricht immer wieder hier und da ein Schaf aus und meine Helfer und Hunde müssen sich sehr anstrengen, die Herde anzutreiben und zusammen zu halten. Eine wirklich große Herausforderung wartet jedoch erst in der nächsten Ortschaft auf uns: Mitten im Dorf halten einige Bewohner einen Gottesdienst unter freiem Himmel ab. Damit habe ich natürlich nicht gerechnet. Die Schafe sind neugierig und kaum noch zum Weitergehen zu bewegen. Interessiert schauen sie immer wieder zu der Menschenansammlung. Genau auf der anderen Straßenseite befindet sich auch noch ein Blumenladen, hübsch dekoriert mit vielen tollen Pflanzen davor. Die Schafe entdecken natürlich auch diesen prall gedeckten Tisch und ich bemerke schon, dass ihre Köpfe immer mehr in diese Richtung wandern. »Nur noch weg hier« ist mein einziger Gedanke. Also schicke ich mit aller Souveränität, die ich aufbringen kann, die Hunde und locke die Schafe mit vertrautem Ruf. Den Helfern hinten signalisiere ich, dass sie antreiben und von hinten »Druck« machen müssen, damit die Schafe weiter laufen. Irgendwann geht dann tatsächlich mein Leitschaf los. In meine Richtung. In die richtige Richtung. Das ist gerade noch mal gut gegangen.

Ruhe bewahren und nicht hektisch werden heißt es dann auch weiterhin, als wir die Straße hinunter laufen, mit einer Schlange von Autos hinter uns. Raus aus der Ortschaft, da atme ich dann erst mal tief durch. Die Herde wird langsam müde, nun müssen wir aber den nächsten Berg hinauf. Mehrere Schafe, die nicht mehr weiter konnten, wurden bereits »eingesammelt« und im Hänger verladen. Es beginnt wirklich anstrengend zu werden, für alle Beteiligten. Die Hunde versuchen, die Herde beisammen zu halten. Ohne sie ginge nun wirklich gar nichts mehr. Nach dem Durchwandern eines weiteren Tals und dem Erklimmen einer letzten lang gestreckten Anhöhe sind wir endlich da. Die Frühjahrsweide liegt vor uns. Alle biegen richtig ab und haben nun erst mal großen Durst. Es ist geschafft. Nach knapp zwei Stunden und beinah sieben Kilometern sind wir an unserem Ziel angekommen. Jetzt gibt es reichlich Wasser für die Schafe und Hunde. Und Frühstück mit Lammknackern und Schafskäse für uns erschöpfte und hungrige Menschen.

Mir fällt ein großer Stein vom Herzen. Ich bin glücklich und auch ein wenig stolz. Wir sind gesund und vollzählig angekommen. Nur das ist es, was zählt.

# Schafwolle sinnvoll verwerten

Schon vor Jahren musste ich mich mit der Frage beschäftigen: Was tun mit unserer Wolle? Die Schur ist beendet und im Stall steht säckeweise »rohe« Wolle meiner Schafe. Für Wolle wird jedoch kaum mehr etwas bezahlt und meine Schafrassen liefern sowieso nicht die Wolle, die die Wollindustrie bevorzugen würde: Sie ist grundsätzlich zu grob und die Dorperschafe tragen ja auch eher Haare und nicht das gewünschte feine Flies anderer Rassen.

So überlegte ich schon länger, was ich mit der ganzen Wolle hier bei uns anstellen könnte. Da kam mir der Vorschlag eines guten Freundes, den ich einst bei einem Ausbildungsseminar für Hütehunde kennenlernte, gerade recht: Die Wolle zu Düngepellets verarbeiten lassen. Und genau das mache ich nun schon seit vielen Jahren.

Ein kleiner Teil der schönsten Wolle geht gleich nach der Schur an einige Frauen zum Filzen und Spinnen. Und die Löckchen der Schwarznasenschafe sortiere ich nach Schönheit, verpacke sie 200-Gramm-weise in Papiertüten und biete sie online zum Kauf an. Der Großteil unserer Wolle wird jedoch abgeholt und wenig später bekomme ich einige Kartons mit Düngepellets zurück. Diesen Dünger kann ich dann auf dem Markt verkaufen.

Wer möchte, kann auch jederzeit einen Sack voll roher Wolle bei mir am Hof abholen und für den Garten verwenden. Als Langzeitdünger, der seine Nährstoffe nach und nach frei gibt, ist Wolle ideal. Auch die immense Wasserspeicherfähigkeit ist nicht von der Hand zu weisen, der Boden wird lockerer und die Bodenfauna durch den großen Anteil organischer Substanzen nachhaltig gefördert. Als reines Naturprodukt, das schließlich verwittert, eignet sich Wolle neben dem Düngen auch hervorragend als Mulchmaterial oder zum Abdecken von Pflanzen. Ich selbst nutze die Wolle gerne beim Gemüseanbau, vor allem für meine im Topf gezogenen Tomatensorten »Rote Murmel«, »Tumbling Tom Red« und »Heinz« (die nach meinem Vater benannt ist).

Dazu braucht es neben den Tomatenpflänzchen, die ich hauptsächlich aus Samen selber ziehe, große Tontöpfe, etwas verwitterten Kompost oder Mist, eben die Wolle und ein bisschen Gartenerde. In jeden Topf wird von unten nach oben geschichtet: Kompost, Wolle, dann Erde, in die die Tomatenpflanze tief eingesetzt wird. Das Ganze bedecke ich zum Schluss nochmals mit einer dicken Schicht Wolle und gieße großzügig an. Mit ein bisschen Pflege und Hingabe ernte ich später im Sommer für mich und meine Familie frische leckere und vor allem ungespritzte Tomaten. Das kann jeder nachmachen, es geht ganz leicht und auch auf den kleinsten Balkonen und Terrassen ist Platz für ein oder zwei Töpfe mit Tomaten. Ich empfehle Hängetomaten, die bringen über einen langen Zeitraum viele kleine Früchte zum Naschen. Wichtig ist, die empfindlichen Pflänzchen erst nach den alljährigen »Eisheiligen« nach draußen zu stellen oder sie bei Frostgefahr abzudecken. Generell sollte man für Tomaten einen warmen trockenen Ort wählen, damit sie gut gedeihen und kräftige Pflanzen mit gutem Ertrag werden.

Ich freue mich jedenfalls jedes Jahr, wenn meine Wolle im Garten noch viel Gutes tut. Mir liegt ihre sinnvolle Verwertung am Herzen. Dafür bin ich auch gerne bereit, ein paar Handgriffe mehr zu investieren.

3 - 4 Portionen - je nach Hunger
Zubereitungszeit: ca. 30 Minuten
zusätzliche Garzeit: 1,5 - 2 Stunden

Zutaten:
1 Lammschulter (ca. 1 kg) ohne Knochen,
als Roulade geschnitten
einige getrocknete Tomaten in Öl
1 kleine Zwiebel
Salz, Pfeffer, Knoblauch, gemahlen
Petersilie, Thymian, Rosmarin, gehackt

je 1 Handvoll Gemüse für die Sauce wie Sellerie, Lauch,
Möhren, frische Tomaten, Zwiebeln
etwas Öl
1 Rosmarinzweig
$^1/_4$ l Rotwein
$^1/_4$ l Gemüsebrühe

Bandnudeln, ca. 100 g pro Person
Knoblauchraukepesto selber gemacht (siehe Extra-Tipp)

Braten- oder Spargelfaden zum Umwickeln der Roulade

# Gefüllte Lammschulter an Bandnudeln mit Raukepesto

Für die Füllung der Roulade hacke ich eine kleine Zwiebel fein und dünste sie an. Dazu kommen dann die klein geschnittenen getrockneten Tomaten in Öl, Knoblauch, gehackte frische Petersilie, Thymian und Rosmarin. Alles miteinander vermengt wird die Masse auf die gepfefferte und leicht gesalzene Lammschulter gestrichen. Die wird dann rouladenförmig gewickelt und mit Bratenfaden fixiert und zusammengebunden.
Die gefüllte Roulade brate ich anschließend zusammen mit dem gestückelten Gemüse der Sauce ringsherum an.
Zum Schluss lösche ich das Ganze mit dem Rotwein und der Gemüsebrühe ab und stelle den geschlossenen Bräter bei circa 160 °C für 1,5 - 2 Stunden in den Ofen.

Die letzten 15 Minuten lasse ich die Lammroulade bei geöffnetem Deckel noch bräunen und Röstaromen bilden. Die Sauce sorgt dafür, dass das Fleisch saftig und zart bleibt. Vor dem Schneiden in Scheiben sollte es circa 15 Minuten ruhen.
In dieser Zeit kann aus der Sauce ein Fond gemacht werden, der sich mehrere Tage im Kühlschrank hält und beim nächsten Gericht für Geschmack und Würze sorgt.
Nun nur noch die Bandnudeln kochen, mit Pesto vermischen und anrichten.

Pro Person ca. 2 - 3 Leiterchen
Zubereitungszeit: ca. 30 Minuten
zusätzliche Schmorzeit: 1 - 1,5 Stunden

Zutaten:
Rippenstücke vom Lamm, in Stücke zerteilt
etwas Olivenöl
1 Zwiebel
3 Knoblauchzehen
Wurzelgemüse wie Sellerie, Lauch, Möhre, gestückelt
1 - 2 EL Tomatenmark oder einige frische Tomaten
$^1/_4$ l Rotwein
$^1/_4$ l Gemüsebrühe
Rosmarin, Thymian, gehackt
Pfeffer, Salz, gemahlen
2 Wacholderbeeren
einige junge Karotten, geschält und halbiert mit Grün
2 - 3 Kartoffeln pro Person, mit Schale, geviertelt

Frühlingszwiebeln zum Garnieren

# Leiterchen zum Abnagen an Frühlingsgemüse mit neuen Ofenkartoffeln

So genannte »Leiterchen« sind vom Metzger in Leiterform gesägte Rippenstücke.
Sie werden scharf von allen Seiten in Öl angebraten. Die Zwiebel und den Knoblauch schneide ich klein und brate sie mit an, genauso das Wurzelgemüse.
Tomatenmark beziehungsweise frische geschnittene Tomaten werden dazu gegeben und mit dem Rotwein aufgegossen. Zum Schluss kommen noch die Gemüsebrühe, Kräuter und Gewürze hinzu und alles wird im Backofen bei 160 °C circa 1 - 1,5 Stunden geschmort.
Die Leiterchen sollten immer mal wieder kontrolliert werden, nicht dass sie zerfallen. Sind sie fertig, stelle ich sie warm und bereite aus der Gemüse-Rotwein-Mischung noch eine leckere Sauce zu. Die Möhrchen für die Beilage werden in Olivenöl angedünstet und anschließend in ein wenig Salzwasser fertig gegart.
Die Kartoffelspalten wende ich in Olivenöl, bestreue sie mit Rosmarin und backe sie dann im Ofen circa 30 Minuten bis sie innen weich und außen kross sind. Zum Schluss salze und pfeffere ich sie kräftig.
Schließlich brate ich noch separat einige in Ringe geschnittene Frühlingszwiebeln an und garniere damit das fertige Gericht kurz vor dem Servieren.

# Pesto aus Knoblauchrauke

Knoblauchrauke wächst im Frühjahr gerne an Waldrändern oder entlang von Hecken und schattigen Mauern. Frisch gesammelt kann man daraus ein feines Pesto mit zartem Knoblauchgeschmack herstellen. Es passt natürlich perfekt zu Nudeln, aber auch für Salatsoßen, als Topping oder ganz schlicht als vegetarischer Brotaufstrich kann es verwendet werden.

Pro Portion rechne ich ungefähr eine Handvoll Knoblauchraukeblätter, die ich nach dem Waschen mit dem Wiegemesser möglichst fein zerkleinere.

In den Schnellmixer gebe ich Wal- oder Haselnüsse nach Geschmack, etwas geriebenen original Pecorino (Käse aus Schafsmilch), Salz und Pfeffer und mixe alles durch. Ein Schuss Walnussöl rundet die Sache wunderbar ab.

Dann wird die zerkleinerte Rauke dazu gegeben und nochmals alles kräftig miteinander verrührt. Abschmecken, fertig.

Entweder kommt das Pesto jetzt frisch auf den Tisch oder aber ich fülle es in kleine Gläschen ab. Mit Öl aufgegossen hält es nämlich im Kühlschrank einige Wochen und kann nach und nach verbraucht werden.

»Pesto kann auch portionsweise eingefroren werden!«

Ziegengemecker und Winterfutter

# JUNI

# Ziegen in der Landschaftspflege

Seit über zwanzig Jahren arbeite ich nun schon mit Ziegen in der Landschaftspflege. Während der Weidesaison halte ich meine beiden Rassen getrennt voneinander, jeweils zusammen mit einem Bock: Einmal die schönen Walliser Schwarzhalsziegen und dann noch die braun-weißen Burenziegen, die ein hervorragendes Fleisch liefern. Beide Rassen fressen bei mir vor allem auf mageren Flächen, die zur Verbuschung neigen, wie Wacholderheiden, Steinbrüche und steile Hänge. Überall dort, wo weder Schaf noch Kuh weiden könnte, kommen Ziegen hervorragend zurecht. Nicht umsonst galt über eine lange Zeit hinweg die Ziege als »Kuh des armen Mannes«: Genügsam und robust wie sie ist, liefert sie auch bei kargem Futter und unter widrigen Umständen noch Milch und Fleisch.

Ich besitze meine Ziegen heute hauptsächlich um sie in der Landschaftspflege einzusetzen, also spezielle Flächen von ihnen beweiden zu lassen. Milch verwerte ich gar keine, die bekommen ausschließlich die Kitze; und das Fleisch ist eher »angenehmes Nebenprodukt«. Meine Ziegen sind also vor allem dazu da, um zu fressen. An unzugänglichen Stellen und möglichst effizient. Die meisten Aufträge bekomme ich von den umliegenden Städten und Gemeinden oder eben den jeweiligen Landbesitzern, deren Flächen meine Tiere beweiden sollen. Meistens habe ich eine genaue Vorgabe, wie viele Tage die Ziegen am jeweiligen Ort fressen dürfen. Daran versuche ich mich zu halten, denn es gibt einen straffen Jahresplan: Meine Ziegen sind quasi von April bis November »ausgebucht« und verdienen so ihr Geld. Ich versuche stets, genau so viele Ziegen zu halten wie für meine Aufträge benötigt werden. Alles muss also genau dokumentiert und entsprechend organisiert werden.

Seit ein paar Jahren werden außerdem auch in Schafherden vermehrt wieder Ziegen mitgeführt, weil das vom Naturschutz gefördert und bezuschusst wird. Daher laufen auch bei mir Ziegen zwischen den Schafen. Das hat nämlich für die Beweidung in den Naturschutzgebieten viele Vorteile, weil sich Ziegen und Schafe bei der Auswahl ihrer Nahrung optimal ergänzen. Verlassen wir jedoch das jeweilige Naturschutzgebiet, muss ich meist auch die Ziegen wieder aus der Herde nehmen: Auf beispielsweise Streuobstwiesen würden sie verheerende Schäden anrichten, da sie weder vor Obstbäumen noch vor anderen wertvollen Gehölzen Halt machen würden. So hat also alles zwei Seiten: Was am einen Ort gut und erwünscht ist, würde andernorts zum Problem werden.

Es braucht daher viele unterschiedliche Flächen und noch mehr organisatorisches Geschick, um gute Arbeit mit den Ziegen gewährleisten zu können: Zum richtigen Zeitpunkt an den richtigen Orten müssen sie in die Schafherde integriert und dann auch wieder rechtzeitig herausgenommen

werden, wenn sie bei den Schafen eben mehr Schaden als Nutzen bringen würden. In solchen Zeiten bringe ich sie in die Steinbrüche oder an eine stillgelegte Bahnlinie hier in der Nähe, wo sie ebenfalls »nach Plan« fressen sollen. Bis sie dann ungefähr zwei Monate später zur zweiten Beweidung des Naturschutzgebietes wieder mit den Schafen vereint werden, um diese abermals bei ihrer »Arbeit« zu unterstützen.

Ziegen zu halten ist noch aus anderen Gründen nicht ganz einfach: Sie haben ihren eigenen Kopf und versuchen den auch immer wieder durchzusetzen. Sie sind wahre »Ausbruchskünstler«, vor allem wenn auf Nachbars Grundstück schmackhafteres Futter lockt. Gute Zäune, rechtzeitige »Erziehung«, diese Zäune auch zu respektieren und eine ständige Kontrolle sind notwendig um Ziegen sicher auf ihrer Weide zu halten. Ich kenne nicht wenige Geschichten, in denen die besten Nachbarn zu schlimmsten Feinden wurden, weil das gehörnte Vieh immer wieder ausgebrochen ist, um in naheliegenden Gärten sein Unwesen zu treiben. Nachlässigkeit darf man sich also auf keinen Fall erlauben, möchte man Ziegen halten und gleichzeitig sein Umfeld nicht überstrapazieren. Mit einem »ruhigen Leben« ist es als Ziegenbesitzer aus meiner Erfahrung heraus jedenfalls meist vorbei.

Beeindruckend für mich sind immer wieder die herausragenden Kletterkünste meiner Ziegen, die sie vor allem in den Steinbrüchen unter Beweis stellen. Als würde das ihre alleinige Bestimmung sein, toben sie waghalsig in den Felswänden herum – umso mutiger, wenn irgendwo noch eine Leckerei in Form eines frischgrünen Büschleins lockt. Vom Zuschauen wird mir da nicht selten ganz schwindelig. Und ja, manchmal beschleicht mich auch ein wenig Sorge, denn es gibt sie gelegentlich: Abstürze aus größerer Höhe in einem unbedachten

Moment. Das kann dann auch für eine Ziege böse enden, wenn sie sich beispielsweise ein Bein dabei bricht.

In der Regel kommen sie mir jedoch bei meinen täglichen Besuchen munter und mit wehenden Haaren entgegen. Der enge Bezug zwischen meinen Tieren und mir ist vor allem in diesen schwer zugänglichen, aber durchaus ziegengerechten Flächen sehr wichtig. Sie müssen sich rufen, treiben und verladen lassen. Normalerweise bleiben sie nämlich nur ungefähr 14 Tage lang an einem Ort, danach geht es weiter zur nächsten Weide. Eine gewisse Bindung zwischen uns ist da unerlässlich. Die Ziegen verdienen sich so ihr nächstes Winterfutter: Wir werden dafür bezahlt, dass sie jede Fläche ordentlich in der vorgegebenen Zeit abweiden.

So rufe ich bei meinen Kontrollbesuchen schon von Weitem mein bekanntes »Komet, Komit, Komet, Komit« und die Ziegen sind nicht mehr zu bremsen. Sie wissen, dass sie gleich ein paar Leckerbissen in Form von hartem Brot oder einer Handvoll Lämmerkorn bekommen. Es ist gut, dass sie mir dafür überall hin folgen und auf Ruf herbei eilen. Sie sollen den Kontakt zu mir in den wilden großen Flächen, in denen sie den Sommer verbringen, nicht verlieren. Außerdem ist auch die tägliche Kontrolle ihres Gesundheitszustandes ein Muss: Es könnte schließlich sein, dass sich eine der Ziegen über Nacht verletzt hat, ihr Euter Probleme macht oder sich gar Maden am Hörneransatz gebildet haben und das Tier quälen. Während also jede ein Häppchen von mir bekommt und mal am Salzstein leckt, lasse ich meinen Blick schweifen, streiche hier und da über das Fell, besehe mir die Euter und untersuche Augen, Maul und Hörner. Nach und nach verschwinden meine Ziegen dann wieder im Dickicht, um sich erneut ihrer »Aufgabe« zu widmen, auch noch die letzten Blättchen von dornigem Gestrüpp wie der Heckenrose, Schlehe und des Weißdorns abzuknabbern. Natürlich verleiben sie sich dabei ebenso jede Menge Leckereien wie beispielsweise Him- und Brombeere ein.

Wenn alles Buschwerk weggefressen ist und es auf der Weide nur noch Gras gibt, fangen die Ziegen an, Büsche und junge Bäume »zu schälen«, das bedeutet die Rinde abzuknabbern. Am liebsten Esche, Ahorn oder Obstbäume. Auch junge Robinien werden gerne abgefressen. Trotz der langen Dornen verletzen sich die Ziegen dabei nicht. Sie sind vorsichtig und hingebungsvoll: Hier wird ein Blättchen gezupft, dort zart ein Blümchen abgeknabbert. Genäschige Genießer eben.

Die Verbuschung wertvoller Flächen wird auf diese Weise durch die Ziegen zurückgedrängt: Es kann sich kein Wald bilden und der Halbtrockenrasen der Naturschutzgebiete in unserer Umgebung bleibt erhalten. Das ist unsere Aufgabe und ich bin stolz darauf, dass wir sie Jahr für Jahr wieder erfolgreich erfüllen.

Zu guter Letzt besitzen meine Ziegen auch noch einen gewissen Unterhaltungswert, der mich freut und mir immer wieder mal ein Schmunzeln entlockt. Auch Wanderer und Spaziergänger bleiben von Zeit zu Zeit begeistert an meinen Weiden stehen und schauen den Ziegen zu, vor allem natürlich dem Getobe der Zicklein: Junge Ziegen sind stets ein Quell an Lebensfreude, Übermut und Neugierde. Und einen hohen Niedlichkeitsfaktor haben sie auch. Wenn dann noch mein alter braver, aber auch sehr imposanter Schwarzhalsziegenbock auf der Bildfläche erscheint, ist das Ziegenidyll perfekt.

# Duftendes Heu für den Winter

Bereits jetzt im Frühsommer muss ich mir Gedanken machen, was die Versorgung meiner Schafe und Ziegen mit Futter im kommenden Winter betrifft. Die Winterfutterbereitung beginnt in der Regel im Juni und wird mich bis in den Herbst hinein beschäftigen. Wir bewirtschaften ausschließlich extensiv genutzte Wiesen, auch Flachland-Mähwiesen genannt. »Extensiv genutzt« bedeutet, dass wir Menschen auf diesen Flächen möglichst wenig eingreifen und beispielsweise weder gedüngt wird, noch Pestizide ausgebracht werden. Diese Art der Nutzung ist sehr umweltverträglich, da der Naturhaushalt und dadurch vegetative Standortfaktoren wie zum Beispiel Bodenzusammensetzung und -konsistenz weitestgehend erhalten bleiben. Im Gegensatz zur »intensiven Landwirtschaft« findet auf solchen Flächen ein relativ geringer Kapital- und Arbeitseinsatz statt, die Natur in all ihrer Vielfältigkeit behält die Oberhand. Ich bin stolz darauf, dass wir unser gesamtes Winterfutter für die Schafe und Ziegen auf solch extensiv genutztem Grünland bereiten können.

»Unsere« Wiesen sind voller unterschiedlicher Gräser und Kräuter, summender Insekten und leuchtender Blumen. Eine intakte Wiese kann man nicht nur sehen, sie duftet auch nach Sommersonne und Blütennektar. Mittags kann man sie dann sogar hören, wenn ein Konzert von vielen hundert Grillen beginnt. Blühende bunte Wiesen mit ihrem Reichtum an Pflanzen, Insekten und anderen Tierarten gehören seit jeher in das Bild unserer Landschaft. Auf ihnen wurde schon zu Urgroßvaters Zeiten das Futter für das Vieh bereitet und durch diese landwirtschaftliche Nutzung sind sie einst überhaupt entstanden. Gerade in der heutigen Zeit stellen sie wieder einen sehr wichtigen Lebensraum dar und spielen eine große Rolle im Erhalt der Artenvielfalt. Darum sind sie es auch wert, erhalten und geschützt zu werden.

Mir liefern sie außerdem qualitativ bestes Futter für meine Tiere, welches es auf intensiv genutzten Flächen in dieser Reichhaltigkeit gar nicht geben könnte: Kommerziell bewirtschaftete Wiesen werden bis zu vier Mal im Jahr gemäht und regelmäßig gedüngt, um höchstmögliche Erträge einzufahren.

Dort wird die bunte Wiesenvielfalt systematisch zerstört, es wächst nur noch eine Sorte grünes Gras, kein Kraut und keine Blumen; Einheitsfutter ohne übermäßige Vitamine und Nährstoffe. Extensiv genutzte Wiesen hingegen werden meist nur ein oder zwei Mal im Jahr gemäht. Jetzt im Juni das erste Mal, wo es frisches, vielfältiges Grün in Hülle und Fülle gibt und meine Schafe und Ziegen anderenorts genügend abwechslungsreiches Futter finden. Das zweite Mal dann je nach Wetterlage im Spätsommer oder Herbst. Ich habe festgestellt, dass sogar eine Nachbeweidung durch meine Tiere im Spätherbst oder Winter noch möglich ist, ohne dass dies den Flächen und ihrer Artenvielfalt schadet, ganz im Gegenteil.

Die Zeit der Mahd (des Mähens) ist für mich auch nach all den Jahren noch aufregend und ich merke, dass ich dann immer ein bisschen unter Spannung stehe. Ständig muss das Wetter beobachtet werden, Niederschlag wäre nun ganz schlecht. Denn verregnetes Futter mögen die Tiere nicht so gerne. Es sollte bestenfalls einige Tage am Stück sonnig, trocken und warm sein, damit das Gras nach dem Schnitt ordentlich aufgeschüttelt, gewendet, zu Reihen gerecht und am dritten oder vierten Tag schließlich zu Ballen gepresst werden kann. Das Wetter ist jedoch nicht beeinflussbar. Wenn es also doch mal nicht sonnig und warm genug ist, muss man umdenken und kann aus dem feuchten Heu so genannte

»Heulage« machen: Das Gras wird gepresst und luftdicht in Folie verpackt. Es setzen dann Gärprozesse ein, ähnlich wie bei der Herstellung von Silage, bei der durch Milchsäuregärung Futter für Nutztiere konserviert werden kann.

Auch Obstbaumwiesen mähen wir. Da der Traktor mit dem Mähwerk nicht ganz bis an die Bäume herankommt, können die Schafe anschließend noch dieses an für Maschinen unzugänglichen Stellen wachsende Gras in einem kurzen Weidegang abfressen, bevor wir weiter ziehen. Ich freue mich immer sehr, wenn ich auf diese Art und Weise »drei Fliegen mit einer Klappe schlage«: Zuerst einmal bereite ich mein Winterfutter, gleichzeitig wird das Gras auch an unzugänglichen Stellen kurz gehalten, was wiederum die Wiesenbesitzer freut, und meine Tiere werden auch noch satt dabei. Dieses Beispiel steht für mein ganzheitliches Denken, das einzelne »Zahnräder« ineinandergreifen lässt. Es ist mir wichtig, alle Faktoren mit einzubeziehen und Möglichkeiten sinnvoll auszuschöpfen, eben das »Große Ganze« im Blick zu behalten. So lohnt es sich meiner Ansicht nach auch, hier und da etwas mehr Arbeit zu investieren, indem wir beispielsweise eben auch kleinere oder unzugängliche Flächen nutzen und bewirtschaften.

Maschinen leisten selbstverständlich auch für mich die Hauptarbeit bei der Futterbereitung, jedoch kommt es immer wieder vor, dass zusätzlich die gute alte Handarbeit gefragt ist. Nämlich dann wenn Maschinen nicht in alle Winkel und Ecken einer Wiese herankommen, beispielsweise Hindernisse wie Steinhaufen oder eben Bäume im Weg stehen. Dann heißt es: Gras rechen, zu Reihen zusammenfügen und aufschütteln; eben für den nächsten Arbeitsschritt vorbereiten. Das ist anstrengend, Blasen an den Händen sind keine

Seltenheit. Jedoch bin ich jedes Mal auch wieder begeistert davon, wie hochwertiges Futter für meine Tiere entsteht. In meinem Heu finden sich unterschiedlichste wertvolle Kräuter und Blüten; all die Pflanzen eben, die nur auf extensiv bewirtschafteten Flächen wachsen können. Dieses reichhaltige Futter ist für die Gesundheit meiner im Stall überwinternden Tiere lebenswichtig. Es enthält alle wichtigen Nährstoffe, damit sie bis zum Frühjahr gesund und munter bleiben. Dieses Wissen ist es, das mich motiviert, jedes Jahr aufs Neue diese Arbeit mit Freude anzugehen.

3 - 4 Portionen - je nach Hunger
Zubereitungszeit: ca. 30 - 45 Minuten

Zutaten Hackfleischbällchen:
500 g Lammhackfleisch
1 kleine Zwiebel
2 - 3 Knoblauchzehen
etwas Öl
1 Büschel frische Petersilie
1 EL Paprikapulver
Pfeffer, Salz, Chili, gemahlen
1 - 2 EL Semmelbrösel
1 Ei
1 - 2 EL scharfe Paprikapaste, nach Geschmack

Zutaten Joghurtdipp:
500 g Schafsjoghurt
Kräutersalz, Pfeffer, gemahlen
1 Büschel frische Gartenkräuter wie Dill, Schnittlauch, Petersilie
1 kleine Zwiebel, gerne rot oder blau
5 - 6 Radieschen
1 fingerlanges Stück frische Gurke

Gemüsesticks zum Dippen wie Gurke, Karotte, Paprika
Dazu passt hervorragend frisches Bauernbrot.

# Würzige Hackfleischbällchen zum Dippen an Schafsjoghurt mit Gartenkräutern

Für die Fleischbällchen schäle ich die Zwiebel und die Knoblauchzehen und hacke sie anschließend möglichst klein. Beides wird in etwas Öl angedünstet. Dazu gebe ich die ebenfalls klein gehackte Petersilie. Diese Mischung wird dann zusammen mit dem rohen Hackfleisch und den restlichen Zutaten in einer Schüssel zu einem gleichmäßigen Teig verknetet. Daraus forme ich kleine Bällchen und backe sie in einer Auflaufform im Ofen bei 180 °C für circa 10 - 15 Minuten.

Währenddessen vermenge ich den Schafsjoghurt mit den Gewürzen und den kleingehackten Gartenkräutern. Die Zwiebel, Radieschen und das Stückchen Gurke schneide ich in kleine Würfel und dekoriere damit den in Schälchen oder Gläschen gefüllten fertigen Joghurt. Ich serviere ihn mit den gebackenen noch warmen Hackfleischbällchen. Dazu gibt's verschiedene Gemüsesticks zum Dippen und Scheiben von frischem Bauernbrot - schmeckt herrlich leicht und frisch und ist schnell zubereitet.

6 kleine Förmchen (oder eine große Kuchenform)
Zubereitungszeit: ca. 30 Minuten
zusätzliche Backzeit: 30 - 45 Minuten

Zutaten Teig:
250 g Mehl
125 g Butter
1/2 TL Salz
1 Ei
evtl. 1 - 2 EL kaltes Wasser, bei Bedarf

Zutaten Füllung:
450 g junger frischer Spinat
250 g Lammhackfleisch
150 g Ziegenfrischkäse, in Öl und Kräutern eingelegt
1 Zwiebel
1 Knoblauchzehe
3 Eier
1 Becher saurer Rahm
Salz, Pfeffer, gemahlen
Chili-, Curry- und Paprikapulver, nach Geschmack

# Deftige Lammhackfleischküchlein mit frischem Spinat und Ziegenfrischkäse

Ich vermenge und verknete zuerst alle Zutaten für den Teig. Bleibt er zu krümelig, gebe ich noch etwas Wasser zu. Dann wird die entstandene Mürbteigkugel kalt gestellt.
Für die Füllung blanchiere ich den Spinat. Es ist wichtig, ihn anschließend gründlich auszudrücken, um möglichst wenig Wasser zurückzubehalten. Anschließend wird er möglichst klein geschnitten. Das Hackfleisch brate ich zusammen mit der geschälten und klein geschnittenen Zwiebel und Knoblauchzehe an. Dazu kommt der eingelegte in Würfel geschnittenen Ziegenfrischkäse. Schließlich gebe ich auch den Spinat hinzu. Vorsichtig hebe ich anschließend eine glatt verrührte Mischung aus den verquirlten Eiern, Sauerrahm und Gewürzen unter.

Schließlich wird der Teig ausgerollt und sechs kleine Förmchen (oder eine große Form) damit ausgelegt. Die Masse der Füllung verteile ich gleichmäßig darauf und backe alles für 30 - 45 Minuten bei circa 175 °C - wobei eine große Kuchenform natürlich länger braucht als mehrere kleine Förmchen. Wer den Boden schön knusprig mag, der schaltet für die letzten fünf Minuten noch Unterhitze zu.
Wenn sich auf den Küchlein eine leichte Bräunung einstellt, sind sie fertig. Ich serviere sie am liebsten lauwarm - sie schmecken aber auch kalt zum Picknick oder der Brotzeit gut.

Extra-Tipp

# Sommerblüten im Salzglas

Jetzt im Sommer gibt es viele bunt leuchtende Blüten verschiedener Blumen und Kräuter. Einige davon sind essbar und können in der Küche hervorragend verwendet werden. Beispielsweise Malve, Kapuzinerkresse und Ringelblume. Aber auch die Blüten des Hibiskus, Schnittlauchs oder Rosmarins sind essbar.

Einen tollen Hingucker auf jedem Esstisch bietet ein Glas voller Blütensalz zum Nachwürzen. Ich sammle dafür gerne vor allem die Blüten des Löwenzahns, der Witwenblume, des Salbeis und Klees. Diese sehen nicht nur hübsch aus, sie eignen sich auch hervorragend zum Trocknen. Daraus stelle ich ganz einfach mein Wiesenblütensalz her, indem ich von den gesammelten Blüten vorsichtig die Blättchen abzupfe, diese dann auf einem mit Butterbrotpapier ausgelegten Backblech verteile und anschließend langsam bei 40 °C im Ofen trockne. Je nach Geschmack vermischt man sie dann entweder mit grobem oder feinem Salz. Die Salz-Blüten-Mischung wird in ein durchsichtiges Glas gefüllt und kann darin lange aufbewahrt werden. So erfreuen meine Gäste und ich uns auch noch im Winter an dieser Brise Sommerfeeling.

»Gleiches kann man natürlich auch mit feinem oder grobem Zucker anfertigen.«

Kulinarik trifft Natur

# JULI

# Artenvielfalt in den alten Schafweiden

Von der Wichtigkeit der extensiven Nutzung von Grünland habe ich ja bereits im Zusammenhang mit unserer Winterfutterbereitung berichtet. Neben diesen so genannten »Mähwiesen« bewirtschaften wir rund die Hälfte unserer Flächen als reine Schaf- und Ziegenweiden. Das bedeutet, dass dort keinerlei Eingriffe mit Maschinen durchgeführt werden. Es sind fast alles Flächen, die entweder ziemlich steil, besonders uneben oder so steinig sind, dass sie eben nicht maschinell bearbeitet werden können. Für die Landwirtschaft sind sie dadurch unattraktiv und ermöglichen uns die ausschließliche Beweidung mit Schafen und Ziegen.

Durch diese so genannte »extensive Weidenutzung« werden für den Naturschutz ziemlich bedeutende Lebensräume, wie zum Beispiel Magerrasen, vor der Verbuschung, also dem Zuwachsen, bewahrt. Sehr schonend, nach und nach, wird ihr Bewuchs durch die Beweidung kurz gehalten. Schafe fressen zuerst, was ihnen am besten schmeckt. Manches, was in den Weiden wächst, rühren sie gar nicht an. Ziegen wiederum haben andere Vorlieben und einen anderen »Fressrhythmus«. Es erfolgen also keine radikalen Eingriffe in diese Lebensräume, eine ganz besondere Vielfalt kann sich ungehindert ausbreiten. In solchen reinen Schaf- und Ziegenweiden gibt es eine Unmenge an Tieren und natürlich unterschiedlichste Pflanzen: Es wächst unter anderem Bachnelkenwurz, Margerite, Salbei, Wiesenflockenblume, Zittergras, Glockenblume, Lichtnelke, Storchschnabel, Wiesenbocksbart, Witwenblume, Wilde Möhre, Wiesen-Knöterich und unterschiedlicher Klee.

Der Kot meiner Tiere spielt für die Verbreitung und Vielfältigkeit von Pflanzen und Tieren ebenfalls eine Rolle: Er ist zum einen wichtiger Bestandteil innerhalb der Nahrungskette als Grundlage für viele Insektenarten. Zum anderen trägt er unverdaute Samen von einem Standort zum nächsten. So sind zum Beispiel schon die Samen der Bocksriemenzunge von einem Naturschutzgebiet ins andere »gewandert«. Gab es dort vor 15 Jahren noch keine einzige dieser Orchideenart, blühen jetzt im Sommer immer mehr jener geschützten Prachtexemplare. Sowieso sind meine Tiere regelrechte »Samentaxis«: Nicht nur über ihren Kot, sondern auch in der Wolle und im Ziegenhaar transportieren sie allerlei Pflanzenteile, aber auch kleine Lebewesen wie Käfer und Grashüpfer. Unsere Weiden liegen bis zu 15 Kilometer auseinander, durch diese so genannte »Wanderweidewirtschaft« findet zwischen den einzelnen Gebieten mit Hilfe unserer Schafe und Ziegen immer wieder ein Austausch einzelner Artengruppen statt.

Eine meiner liebsten solchen Weiden ist ungefähr zwei Hektar groß und liegt an einem Waldhang. Vor einigen Jahren noch war nahezu die komplette Fläche mit Hecken, Büschen und Bäumen zugewachsen, nur Teile vom Halbtrockenrasen waren noch erhalten. In einer Aktion der

Gemeinde wurde sie glücklicherweise wieder gründlich entbuscht, einige Bäume gefällt und so die Möglichkeit geschaffen, dass der ursprüngliche Halbtrockenrasen sich erneut ausbreiten konnte. Hier ist in den letzten Jahren ein artenreiches Kleinod entstanden: Wildbienen, Blindschleichen und Eidechsen leben auf der brachliegenden sonnenbeschienenen Randfläche. Im zeitigen Frühjahr kann man ganze Schwärme von Erdbienen beobachten. An diesem Ort wurde noch nie intensive Landwirtschaft betrieben. In den 60er- und 70er-Jahren kam mehrmals im Jahr der örtliche Schäfer durch. Als die Schäferei zu unwirtschaftlich wurde und er seinen Beruf aufgab, wucherte die Fläche jedoch nach und nach zu. Seit ungefähr 15 Jahren weiden nun ein bis zwei Mal jährlich meine Tiere hier, damit nicht wieder Sträucher und Bäume überhandnehmen.

An den oberen Teil dieser Schafweide grenzen eine alte Obstbaumwiese und unser eigener Acker, der ausschließlich biologisch genutzt wird. Hinein führt nur ein kleiner Eingang. Erst wenn man sich durch hohes Gras gekämpft hat, gelangt man auf einen schmalen Trampelpfad, der einen in dieses kleine Paradies führt. Wenn meine älteren Schaf- und Ziegendamen nicht wüssten, wohin es hier geht, sie würden bestimmt verdutzt stehen bleiben und mich mit großen Augen anschauen. Augen, die mir sagen würden: »Schäferin, da gehen wir auf keinen Fall hinein, in so eine Wildnis!«

Wandern wir jedoch weiter, gelangen wir hierher, auf eine der herrlichsten und artenreichsten Waldweiden, die ich kenne. Ungehindert wachsen flächendeckend allerlei Wiesenblumen, Brennnesseln, Disteln, verschiedene Büsche und Sträucher. Grillen zirpen, Bienen und Hummeln summen im wilden Oregano und Thymian, der einladend in vollster Blüte steht. Deren unvergleichlicher Duft steigt mir in die Nase und sofort möchte ich einen Strauß davon pflücken, für den nächsten Lammbraten ... Da sich hier Feuchtigkeit immer etwas länger hält, auch in trockenen Sommern, riecht es meist auch herrlich nach feuchter Wiese, frischem Gras, süßen Blumen, Holunder und wilden Rosen.

Wenn ich mich mit meiner Herde bewege, hüpfen und schwirren allerlei Insekten an uns vorbei. Schmetterlinge flattern und es raschelt überall im Gras. Es ist eine eigene kleine Welt, ein Rückzugsgebiet und wertvoller Lebensraum für viele Tiere und Pflanzen. Ich habe dort unter anderem schon Kaisermantel, Bläuling, Landkärtchen, Dickkopffalter, Gemeines Blutströpfchen, Ockergelben Blattspanner, Schachbrettfalter, Braunauge und verschiedene Nachtfalter beobachtet. Sie machen gerne auch mal eine kleine Pause auf meinen nackten Armen, die ihnen wohl wegen des Salzes auf meiner Haut als passender Landeplatz erscheinen.

Viele dieser Falter leben auf strukturreichen, offenen und halboffenen Standorten wie lichten Wäldern, Gebüschen, Wiesen und Heiden. Etliche dieser Kulturlandschaften werden heutzutage jedoch nicht mehr bewirtschaftet und wachsen nach und nach zu, was diesen kleinen Tieren den Lebensraum nimmt. Aber natürlich auch umgekehrt, wenn Flächen zu intensiv und monoton landwirtschaftlich genutzt und gedüngt oder aber aufgeforstet werden, geht Lebensraum für Falter und andere Tiere verloren. Das rechte Mittelmaß zu finden und Zusammenhänge zu berücksichtigen, das ist meiner Ansicht nach die dringliche Aufgabe unserer Generation.

Der gefährdete Thymian-Ameisenbläuling, der beispielsweise hier in der alten Schafweide vorkommt, legt seine Eier im Thymian oder im wilden Majoran ab. Ameisen holen sich die geschlüpften Raupen in ihr Nest, um sie dort zu pflegen. Sie ernähren sich dann von der Ameisenbrut bis sie schließlich zum Schmetterling werden. Das ist nur eine von vielen spannenden Geschehnissen und Abhängigkeiten, die es hier zu entdecken gibt. Die Schafe mögen Thymian und Majoran nur bedingt, vielleicht mal ein Blättchen und auch nur dann, wenn er noch ganz jung ist. Jetzt im Sommer schmeckt er ihnen zu intensiv, deshalb wird er meist verschmäht. So können sich diese Kräuter hier nahezu ungestört ausbreiten. Durch das

Abfressen der Gräser außen herum »ersticken« sie auch nicht im hohen Gras. Der Lebensraum für den Bläuling bleibt also erhalten. Denn Rote Ameisen gibt es in den alten Schafweiden auch genug, da hier ja nun mal nicht gemäht und so die Ameisenbehausungen nicht zerstört werden. Alle Schmetterlinge laben sich übrigens auch durchaus gerne am frischen feuchten Schafkot. Sie saugen die Feuchtigkeit und die Mineralien auf. Dies ist ein weiterer Vorteil der Beweidung.

In den späten Abendstunden kann man dann Fledermäuse beobachten, die über der feuchten Wiese nach jenen Insekten jagen, die ich tagsüber beobachte. Der große Kreislauf der Natur ist hier zu spüren, alles hängt miteinander zusammen und dieses Zusammenspiel sollten wir Menschen uns bewusst machen und entsprechend leben und wirtschaften. Neben den Aspekten des Naturschutzes sind solche Weiden nämlich auch für mich und meine Tiere von großer Bedeutung: In feuchten Jahren, wenn überall anders genügend Futter für die Tiere wächst, kann ich hierher noch sehr spät im Sommer kommen und meine Tiere fressen lassen; selbst dann noch, wenn woanders nichts mehr wächst. Und in heißen und trockenen Jahren kann ich mich darauf verlassen, dass ich an diesem Ort auf jeden Fall zumindest einen Teil meiner Tiere satt bekomme, da hier tatsächlich immer ein wenig Grün zu finden ist. Meine ganz persönliche Notfall-Vorratskammer sozusagen.

Extensiv genutzte Weiden tragen also einerseits wesentlich zur Erhaltung der biologischen Vielfalt bei, aufgrund der reduzierten Stickstoffdüngung auch noch zum Schutz der Ressourcen »Wasser« und »Boden«. Und dadurch können sie andererseits auch besonders gesundes reichhaltiges Futter hervorbringen, ernähren meine Tiere und dadurch auch mich.

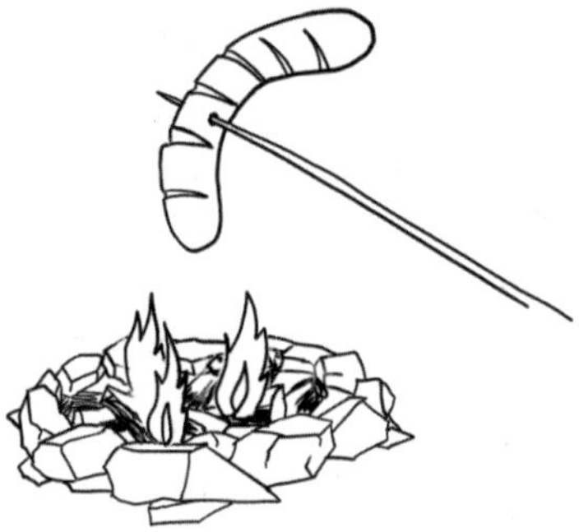

# Ein Abend unter Freunden

Von Weitem schon steigt einem der Geruch nach gegrilltem Fleisch in die Nase. Es ist ein wunderbarer Abend im Sommer. Die Hitze des Tages hat sich gelegt, die Sonne ist gerade unter gegangen. Schafe und Ziegen sind versorgt. In diesen heißen Tagen brauchen sie vor allem Wasser. Den Wasserwagen habe ich jedoch längst zur Weide gefahren, daher bin ich nun beruhigt. Jetzt in der Dämmerung müssten die Tiere auch wieder anfangen zu fressen, den Tag haben sie nämlich im Schatten unter den Bäumen verbracht. Nun werden sie langsam munter und bis in die Nacht hinein nachholen, was sie am Tage nicht erledigt haben. Ihre aktuellen Weiden wähle ich so, dass es dort ausreichend Schatten gibt und wir keine langen Wanderungen hin und her unternehmen müssen. Es würde alle zu sehr anstrengen, bei der Hitze größere Strecken zu laufen. Da ruhen wir uns lieber aus.

An solchen Tagen ergibt sich für mich die seltene Möglichkeit, einmal relativ zeitig Feierabend machen zu können, um mit Familie und Freunden einen lauen Sommerabend zu genießen. Das Feuer brennt schon einige Zeit. Die Glut hat nun die optimale Temperatur erreicht, um unser Lammfleisch zu grillen. Heute sollen die feinsten Stücke auf den Tisch: Lammkotelett und Lammsteak werden nur ganz kurz gegrillt. Von außen gut gebräunt und innen drin noch rosa und ganz zart, so sollen sie sein. Bei Lammbratwurst und Lammspießchen darf's dann auch schon mal etwas krosser und knuspriger zugehen, natürlich ohne dass das Fleisch verbrennt. Was für ein Genuss, mir läuft bereits das Wasser im Munde zusammen.

Für unser Grillevent brauchen wir nicht viele Zutaten, aber gut müssen sie sein: In einem meiner Hochbeete wuchert eine alte Landgurkensorte im abgelagerten Schafmist. Außerdem wachsen dort noch Schnittlauch und Borretsch, dessen kleine blaue Blüten nicht nur hübsch aussehen, sondern auch essbar sind. Damit habe ich meinen beliebten Kartoffel-Gurken-Salat zubereitet, auf den wir uns schon alle freuen. Im Sommersalat mit frischem Schafskäse finden sich unter anderem auch einige Früchte meiner vielen schmackhaften Tomaten, die ich im Mai gepflanzt habe.

Etwas Geduld und Pflege hat es natürlich schon gebraucht, aber nun ist es soweit und ich kann endlich anfangen zu ernten um aus meinem Obst, Gemüse und den Kräutern leckere Gerichte für mich, meine Familie und Freunde zu kreieren. Wer selbst nicht die Möglichkeit für den eigenen Anbau hat, der kann auch auf dem Wochenmarkt wunderbare regionale, frische Produkte einkaufen. Viele sogar in Bioqualität: Ackergurken, Frühkartoffeln, Dill, Schnittlauch, Petersilie, Salate, Tomaten, blaue Zwiebeln und Knoblauch sind nur einige, die ich nennen möchte. Es lohnt sich also auf jeden Fall, zu recherchieren, wo sich der nächste örtliche Markt befindet.

Ich serviere meine Salate unter freiem Himmel übrigens gerne praktisch im Glas. Das sieht nicht nur hübsch aus auf unserer Tafel, der Salat bleibt so auch länger frisch und der Deckel schützt vor kleinen Dieben, wie zum Beispiel Wespen. Aus den gesammelten Kräutern der alten Schafweide habe ich eine Marinade mit Olivenöl und Zitronensaft angesetzt, in die ich die Lammspieße bereits einen Tag vorher eingelegt habe. Das Fleisch ist nun wunderbar zart und schmeckt fein nach Rosmarin, Thymian und Majoran. Diese drei sind meine absoluten Lieblingskräuter im Sommer, man findet sie in fast allen meinen Gerichten. Koteletts und Steaks hingegen werden erst nach dem Grillen gewürzt, wenn die Poren des Fleisches sich geschlossen haben. Zu allem passt eine frische Kräuterbutter, die geradezu darauf wartet, den kulinarischen Grillgenuss abzurunden. Sie ist rasch selber gemacht, ein Schmaus für den Gaumen und für die Augen.

An Abenden wie heute geht es mir darum, meine Lebenseinstellung bewusst zu genießen: Fleisch von Tieren auf dem Teller zu haben, deren Leben ich begleiten durfte, von der Geburt bis zum Schlachttermin. Das hat für mich die höchste Priorität. Kaum ein Mensch weiß noch, wie der Weg vom lebenden Tier zum Nahrungsmittel vonstattengeht. Früher musste sich jeder, der Fleisch essen wollte, zwangsläufig auch mit der Aufzucht und dem Schlachten von Tieren auseinandersetzen. Das gehörte ganz natürlich zum Leben mit dazu und dadurch wurden Fleisch und Wurst auch auf eine ganz besondere Art und Weise wertgeschätzt. Es war etwas Besonderes, wenn ein Tier geschlachtet, verarbeitet und schließlich gegessen wurde. Die industrielle Tierhaltung und die Supermärkte haben dieses Lebensgefühl weitestgehend verschwinden lassen: Alles ist immer und in unbegrenzter Menge verfügbar, sauber verpackt und verhältnismäßig günstig.

Das hat viele Menschen abgestumpft gegenüber unseren Nahrungsmitteln. Die Ernährung ist »anonymer« geworden, die Leute wollen sich nicht mehr mit der für sie oft unangenehmen Realität beschäftigen, woher das Fleisch auf ihren Tellern kommt.

Ich hingegen erlebe diesen Kreislauf von Leben und Sterben, um uns Menschen zu ernähren, fast tagtäglich mit; und das hat für mich etwas mit Ehrfurcht vor dem Leben zu tun. Und natürlich auch mit Verantwortung mir und meinem Gewissen gegenüber, woher die Produkte kommen, die ich verzehre. Ich bin dankbar und froh, dass ich unsere Nahrungsmittel weitestgehend selber ernte, sorgfältig zubereite und eben auch Tiere aufziehe, um sie dann essen zu können. Es ist ein gutes befriedigendes Gefühl, heute unter dem alten Apfelbaum an dieser fein gedeckten Tafel mit Freunden zu sitzen und all das zu genießen, was ich mir selber erarbeitet habe und von dem ich weiß, woher es kommt. Obwohl ich nur selten die Zeit und auch die nötige Ruhe und Muße finde, um mit Freunden und Familie zu feiern, sind es diese Momente, an die ich oft im Schäferinnenalltag denke und die helfen, mich in schweren Zeiten zu motivieren weiter zu machen.

Meistens gibt es nämlich einfach zu viel Arbeit und oft bin ich am Ende eines Tages auch nur noch müde und erschöpft. Sowieso gehen die Tiere bei der Planung möglicher Freizeitaktivitäten vor. Und zwar immer. Erst wenn sie versorgt sind, satt und zufrieden, kann ich auch mal an mich und meine Bedürfnisse denken. So ist das Schäferleben eben ... Diese Liebe und Aufopferungsbereitschaft der Natur und den Schafen gegenüber muss man in sich tragen, möchte man dieses Leben nicht nur aushalten, sondern sich darin auch noch rundherum wohlfühlen. So wie ich das tue.

Inzwischen ist die Nacht hereingebrochen und nach unserem Mahl sitzen wir gesättigt noch bei einem Glas Rotwein am Feuer zusammen. Wir tauschen uns aus über das Leben, unser Essen und teilen neue Ideen miteinander. Und so sammle ich auch wieder Kraft und Energie, denn am nächsten Morgen geht's dann ja wieder raus zu meinen Schafen ...

3-4 Personen - je nach Hunger
Zubereitungszeit: ca. 45 Minuten
Grillzeit: 6-8 Minuten

Zutaten:
5-8 Lammbratwürste
1 kg Kartoffeln, festkochende
1 kleine Zwiebel
1 Gurke
Dill, Schnittlauch, klein geschnitten
1 Tasse Gemüsebrühe
Salz, Pfeffer, gemahlen
Weinessig, nach Geschmack
Rapsöl, nach Geschmack

Borretschblüten zum Garnieren

# Lammbratwurst mit schwäbischem Kartoffel-Gurken-Salat

Nachdem die Kartoffeln gekocht wurden und abgekühlt sind, schäle ich sie und reibe sie in dünne Scheiben (»Rädle«). Die Zwiebel wird fein geschnitten, kurz überbrüht und zu den Kartoffeln gegeben.
Aus meiner selber gemachten Gemüsewürze rühre ich eine Tasse Brühe mit kochendem Wasser an und gebe sie über die Kartoffeln und Zwiebeln. Abgeschmeckt wird mit einigen Esslöffeln Weinessig, Salz und Pfeffer. Das Ganze darf dann ziehen.
Währenddessen reibe ich die frische Gurke ebenfalls in dünne Scheiben (bei Bioqualität darf die Schale gerne dran bleiben). Den Dill und Schnittlauch gebe ich nach Geschmack dazu, genauso Salz und Pfeffer. Mit ein paar Esslöffeln Essig wird wieder abgeschmeckt. Dann werden die Gurkenscheiben zu den Kartoffeln gegeben und vorsichtig untergehoben. Nach Bedarf gebe ich noch ein wenig mehr Essig, etwas Öl und Gemüsebrühe hinzu, bis der Salat beim Umrühren »quietscht«. Zum Schluss kann noch mit hübschen essbaren Blüten wie die des Borretschs garniert werden. Der fertige Salat darf vor dem Verzehr gerne für mehrere Stunden durchziehen.
Lammbratwurst ist ein Nischenprodukt und im Supermarkt kaum zu bekommen. Einige Schäfereien mit Direktvermarktung bieten sie jedoch zum Verkauf an. Bei mir gibt es die Bratwürste regelmäßig auf dem Wochenmarkt. Am besten fragt man immer wieder mal nach. Die deftigen Würste werden auf dem Grill von jeder Seite 3-4 Minuten knusprig braun gegrillt. Dazu schmeckt ein grobkörniger Senf hervorragend.

2 Personen - je nach Hunger
Zubereitungszeit: ca. 30 - 45 Minuten
Grillzeit: 4 - 6 Minuten

Zutaten:
4 - 6 Lammkoteletts
Pfeffer, grob gemahlen
Kräutersalz
2 Tomaten
1 Stück Gurke
mehrere Oliven
1 rote oder gelbe Paprika
1 kleine Zwiebel (gerne lila)
Rucola
Schafskäse in Würfeln zum Garnieren

Kräuterbutter selber gemacht (siehe Extra-Tipp)

# Gegrillte Lammkoteletts an Sommersalat aus dem Glas und Kräuterbutter

Für den Salat schneide ich die gewaschenen und geputzten frischen Zutaten in kleine mundgerechte Stückchen. Gerne verwende ich hierfür Gemüse direkt aus dem eigenen Garten oder vom Wochenmarkt. Je nach Geschmack können auch in Knoblauchöl eingelegte Oliven verwendet werden; das Öl findet sich dann im Dressing wieder. Zu allem kommt noch die fein gehackte lila Zwiebel. Einmal miteinander vermengt fülle ich den Salat gerne portionsweise in kleine Gläser mit Deckel - das sieht nicht nur hübsch aus, sondern hält den Salat frisch und erleichtert den Transport. Bevor ich die Gläschen verschließe, garniere ich noch großzügig mit Rucola und gewürfeltem Schafskäse.
Erst kurz vor dem Essen kommt ein Dressing aus ein paar Esslöffeln Olivenöl und weißem Balsamessig an den Salat. Gewürzt mit Kräutersalz und ein wenig Pfeffer schmeckt es herrlich leicht nach Sommer. Als kleine Geschmackskrönung mische ich gerne noch fein gehackte Kräuter wie Petersilie und Basilikum darunter.
Schließlich werden die Koteletts bei großer Hitze gegrillt, also erst wenn die Glut möglichst optimal ist. Pro Person rechne ich mit 2 - 3 Koteletts. Je nach Dicke des Fleisches werden sie lediglich für 2 - 3 Minuten auf jeder Seite gegrillt. Gewürzt wird erst anschließend mit grob gemahlenem Pfeffer und Salz.
Dazu gibt es frische selber gemachte Kräuterbutter.

Extra-Tipp

# Kräuterbutter selber machen

Aus 250 Gramm Butter kann im Handumdrehen eine leckere Kräuterbutter hergestellt werden, die am besten zu gegrilltem oder kurzgebratenem Lammfleisch passt, aber auch auf geröstetem Baguette oder zu Folienkartoffeln gereicht werden kann.

Ich stelle gerne zwei unterschiedliche Geschmacksrichtungen her, eine scharfe Variante aus Basilikum, Petersilie, Schnittlauch, Zitronenverbene, Thymian, Chili, Salz, Pfeffer und Knoblauch; und eine milde Variante aus Liebstöckel, Dill, Petersilie, Schnittlauch, Zitronenmelisse, Kräutersalz und Pfeffer. Natürlich kann jeder nach Belieben die Kräuter verwenden, die ihm schmecken. Eine Handvoll reicht. Sie werden möglichst fein geschnitten oder gehackt und mit der zimmerwarmen weichen Butter gut verrührt und schließlich gewürzt und abgeschmeckt. Anschließend wird die Butter in Butterbrotpapier zur Rolle gewickelt und bis zum Essen im Kühlschrank kalt gestellt. Wer es ganz besonders mag, der schneidet die Butter zum Servieren nicht nur in dünne Scheiben, sondern verwendet so genannte Butterförmchen und -stempel, um sie hübsch und individuell anzurichten.

»Kräuterbutter kann auch wunderbar portionsweise eingefroren werden.«

Vierbeinige Helfer und warme Wolle

# August

# Ohne Hunde geht es nicht

Es gibt viele Situationen, in denen ich ohne Hunde total hilflos wäre. Beispielsweise wenn meine Herde auf unseren Wanderungen nicht mehr weiter laufen möchte, die Schafe stehen bleiben und das Fressen anfangen oder sich gar hinlegen, um ein Nickerchen zu halten. Genauso wenn die Herde – oder auch nur ein einzelnes Tier – mal ausbricht. Ohne zumindest einen Hund funktioniert dann überhaupt nichts mehr, schnell ginge es drunter und drüber. Die Hunde sind daher meine ständigen Begleiter, meine Partner, auf die ich angewiesen bin. Selbstverständlich, dass ich umgekehrt auch für ihr Wohl die Verantwortung trage. Und zwar ein Hundeleben lang. Ohne Hunde fehlt mir was, ich fühle mich geradezu »nackt«, wenn ich keinen bei mir habe. Sie gehören zu meinem Leben genauso fest dazu wie die Schafe und Ziegen. Daher begleitet mich normalerweise auch immer zumindest einer von ihnen, sogar wenn ich nur mal kurz die Zäune an den Weiden kontrollieren fahre.

Den ersten Arbeitshund holte ich mir, als ich merkte, dass ich meine damals noch recht kleine Herde nur mit jeder Menge Kinder aus der Umgebung von Weide zu Weide bewegen konnte. Sie trieben die Tiere an, kreisten sie ein und sorgten eben dafür, dass keine der Ziegen abhandenkam. Mir war natürlich klar, dass dies keine Lösung auf Dauer sein konnte, zumal die Pläne für die Anschaffung weiterer Tiere bereits geschmiedet waren.

So entschied ich mich dafür, den ersten Hütehund anzuschaffen. Die Wahl fiel auf einen so genannten »Border Collie«. Das sind Arbeitshunde schlechthin: In der Regel lernfreudig, fleißig, wendig, schnell, die Herde immer im Auge behaltend und relativ unkompliziert im Umgang. Sie brauchen die Arbeit an den Schafen geradezu – fast so sehr, wie ich ihre Arbeitsbereitschaft benötige. Natürlich gibt es auch innerhalb einer solchen Hütehunderasse große Unterschiede in Sachen Arbeitsbereitschaft, Charakter und Fitness und ich musste schnell feststellen, dass es gar nicht so einfach ist, den »optimalen« Hund zu finden. So guckte mein erster Border Collie beispielsweise die Schafe lieber an, als dass er sie treiben wollte. Ein anderer hingegen war so hektisch, dass ich ihn wieder abgeben musste, bevor er mich und meine Herde völlig in den Wahnsinn getrieben hätte. Der nächste war zwar willig, aber einfach nicht schnell genug um draußen auf freiem Feld an der Herde zu arbeiten; er bekam dann zumindest die Arbeit im und um den Stall zugewiesen.

Als echter Glücksgriff stellte sich mein Glen heraus. Er kam bereits als Welpe zu mir und verzauberte vom ersten Moment an alle mit seinem Charme – inklusive mir natürlich. Ich nahm ihn sogleich regelmäßig mit zu Seminaren rund um die Hüteausbildung, die ich bereits mit meinem ersten Hund

besuchte. Glen wurde ein richtig guter Arbeiter, er konnte laufen, schnell und weit, verschaffte sich ohne großes Aufsehen den nötigen Respekt bei den Schafen und Ziegen und erleichterte mir meine Arbeit ungemein. Er lehrte mich, wie wertvoll ein guter Hütehund ist. Heute darf er als »Rentner« bei mir seinen wohlverdienten Lebensabend verbringen.

Jedoch ist es auch mit dem talentiertesten Hund ein langer und beschwerlicher Weg, bis er die geforderte Arbeit zuverlässig bewältigen und man sich zu hundert Prozent auf ihn verlassen kann. Nicht ohne Grund sagt man: »Unter jeder Pfote ein Jahr«, was so viel bedeutet, dass es ungefähr vier Jahre dauert, bis ein Border Collie zu einem sicheren, selbstständigen, jedoch stets kooperierenden Helfer wird. Im ersten Jahr geht es vor allem darum, dass der junge Hund eine Beziehung zu mir aufbaut, zu meinen anderen Hunden und den Ziegen und Schafen. Er lernt alle möglichen Situationen, Geräusche und Menschen kennen, die ihm in seinem späteren Leben begegnen werden: Laute Maschinen, Autos, Kinder, die uns besuchen kommen, den Stall und seine nähere Umgebung, mein Haus und die Familie. Und natürlich findet er seinen Platz im angestammten Hunderudel. Er wächst sozusagen in den Betrieb hinein. Die tatsächliche Ausbildung an der Herde beginnt erst im darauf folgenden Jahr mit ungefähr zwölf Monaten.

Anfänglich trennt den jungen Hund dann sicherheitshalber auch noch ein Weidenetz von der Schafherde. Er lernt, nach rechts und nach links zu laufen, auf Kommando anzuhalten und auch auf größere Entfernung auf mich zu achten. Klappt das später auch ohne Netz, darf er die Schafe umrunden und lernt, sie anzutreiben oder zu stoppen. Auch muss er auf Kommando vor ihnen oder andererseits hinterherlaufen können. Diese Basisübungen trainieren wir so lange, bis sie sicher klappen – zu Beginn natürlich nur mit ein paar Jungschafen, darunter vielleicht noch ein oder zwei ältere Schafdamen, die wissen, wie's läuft. Alle meine Hunde lernen auch ein Kommando, auf das sie unter den Stromnetzen durch kriechen sollen, wenn ich sie hochhalte. Mir ist das in der Regel lieber, wie wenn sie über jeden Zaun drüber und in jede Weide hinein springen würden, wie sie es für richtig halten.

Die Komplexität der gestellten Aufgaben wächst im nächsten Jahr und ich simuliere schwierigere Situationen und verbessere so Konzentrationsfähigkeit und Fitness nach und nach.

Erst wenn ich der Meinung bin, dass ich mich darauf verlassen kann, dass der Nachwuchshund keine Alleingänge oder anderen »Blödsinn« mehr macht, nehme ich ihn mit zur großen Herde. Nun üben wir also das Gelernte ein weiteres Jahr mit einer größeren Anzahl von Schafen. Mit der Zeit wird die Arbeit schließlich routinierter und irgendwann ist der richtige Zeitpunkt gekommen, den Hund zusammen mit einem der älteren Hunde auf seine erste Wanderung zu den Weiden mitzunehmen und ihn seine Arbeit auch unter schwierigeren Bedingungen machen zu lassen.

Da Border Collies ziemlich sensibel sind, sollte man in der Ausbildung keinen Zeitdruck haben. Mit Gelassenheit und Zuspruch – jedoch konsequentem Verhalten – erreicht man die besten Ergebnisse. Der Border Collie will als »Partner« verstanden werden. Nur dann entwickelt er sich selbstbewusst und kann irgendwann, wenn er älter ist, unterwegs auch selbstständig an der Herde arbeiten, was wiederum den Schäfer – also mich – enorm entlastet.

Darf ein Nachwuchshund also das erste Mal mit auf eine größere Wanderung, muss ich mir ganz sicher sein, dass er auch auf mich hört. Meine Hunde laufen vorwiegend vor den Schafen, damit die mich nicht überholen. Bei Bedarf schicke ich jedoch auch mal einen Hund nach hinten, um die Herde anzutreiben. An den Straßen wiederum muss erst gewartet werden, die Herde muss stoppen, damit alle Schafe aufrücken können. Schließlich schicke ich einen Hund zum Antreiben nach hinten und wir überqueren möglichst nah beieinander die Straße. Das alles muss auf Zuruf mit den Hunden funktionieren. Hier wäre es fatal, würde ein junger Hund falsch oder gar nicht auf mich reagieren.

Mit der Zeit wissen meine vierbeinigen Helfer auf unseren Wanderungen dann mehr und mehr, worauf es ankommt und was zu tun ist. Vor allem wenn man – wie in unserem Fall – meist dieselben Strecken läuft und die Hunde sich irgendwann genau merken, was auf welchem Abschnitt des Weges zu beachten ist. Nichtsdestoweniger sind sie jedes Mal aufs Neue einem großen Verletzungsrisiko ausgesetzt: Leitplanken im hohen Gras, zugewachsene Gräben, die dadurch nicht auf den ersten Blick als solche zu erkennen sind, Scherben auf den Wegen, Müll im Straßengraben, landwirtschaftliche Geräte, der Autoverkehr, Stacheldrähte an Kuh- oder Pferdeweiden … Ich habe immer Angst davor, dass meinen Hunden etwas passieren könnte. Deshalb schaue ich mir die Wege, die wir gehen, auch vorher genau an. Und lieber nehme ich sie einmal zu viel als zu wenig an die Leine, um Schlimmeres zu vermeiden. Mit meiner Vor- und Umsicht bin ich bisher ganz gut gefahren: Außer kleineren Schnittwunden, verstauchten Pfoten und einer Vergiftung mit Müll sind wir bisher zum Glück von schlimmeren Vorfällen verschont geblieben.

Die Arbeit an den Schafen ist und bleibt unwahrscheinlich anspruchsvoll und hart – für den erfahrenen genauso wie für den jungen Vierbeiner. Alle Hunde brauchen daher zwischen den Wanderungen immer mal wieder Ruhetage zur Erholung. An denen gibt es dann auch nicht etwa eine Art »Freizeitprogramm«, nein, es gibt nichts anderes als die Arbeit an den Schafen; kein Bällchenholen, keine Kunststückchen, keine Fahrradtouren. Wenn es an den Schafen nichts zu tun gibt, bleiben die Hunde zu Hause oder im Stall. Sie leben im Rudel miteinander mit einer richtigen Rangordnung und Rudelstruktur: Die jüngsten Hunde werden von den älteren erzogen. Und ich bin ihr Oberhaupt.

Da es leider immer zu einer kurzfristigen Tragödie kommen kann und ich selber bereits erlebt habe, wie schnell ein Hund bei der Arbeit ausfallen kann, ob durch Tod oder Krankheit, habe ich mir vorgenommen, ungefähr alle zwei Jahre einen neuen Welpen in unser »Team« aufzunehmen. Meine Wahl fällt inzwischen ausschließlich auf Hündinnen, da diese im Alltag unkomplizierter und sozialverträglicher sind und sich nicht so leicht ablenken lassen durch beispielsweise fremde Hunde oder Gerüche am Wegesrand. Mit meiner Luna bin ich diesbezüglich richtig glücklich: Sie ist schlau, flink und wahnsinnig schnell. Zudem auch noch sehr gehorsam und bei Bedarf mutig. Da jeder Hund seine besonderen Stärken, aber meist eben auch ein paar Schwächen hat, ist es gut für mich, dass ich inzwischen eine kleine Auswahl vierbeiniger Helfer herangezogen habe, die ich gezielt in den Bereichen einsetzen kann, in denen sie am besten funktionieren.

So bewältige ich also mit meinen Hunden nun schon seit Jahren die verschiedensten Situationen, auch solche, die man nicht vorhersehen kann. Es gibt mit der Herde immer mal wieder »Überraschungen« und dann entscheiden nicht selten die Hunde darüber, ob es nochmal gut ausgeht. Natürlich ist mittlerweile auch viel Routine mit dabei, aber weite Wege, Zeitdruck, fremde Hunde, Straßenverkehr, Hitze und harte Böden genauso wie Regen, Sturm und Matsch lassen auch bei mir stets die Anspannung mit wandern. Hellwach muss ich sein, konzentriert bei der Sache und alle meine Tiere im Blick behalten. Nur dann können auch die Hunde ihren Job gut machen. Sie sind eben auf mich und meine Führung angewiesen.

Dazu gehört auch, dass sie gut gepflegt und versorgt werden: Regelmäßige Wurmkuren, Impfungen, Behandlungen gegen Zecken und Flöhe sind genauso obligatorisch wie energiereiches hochwertiges Futter und hier und da eine Streicheleinheit sowie Lob für gelungene Arbeit. Dazu kommt im Winter noch die Kontrolle und bei Bedarf Pflege ihrer Fußballen, so dass diese auf gefrorenem Boden nicht wund gelaufen werden. Und im Sommer natürlich die ausreichende Versorgung mit Wasser und genügend Pausen an heißen Tagen. Hunde, die in praller Sonne arbeiten, überhitzen nämlich schnell und werden dann unkonzentriert und ermüden rasch. Diese Dinge muss ich bedenken und einplanen, damit die Hunde nicht unnötig strapaziert werden. Genauso, wenn das Getreide hochsteht und die Wiesen noch nicht gemäht sind, das Blickfeld der Hunde also eingeschränkt ist und sie deshalb die Schafe nicht gut sehen können. Zudem haben sie dann auch noch Samen in den Augen, springen wie die Hasen durchs hohe Grün und verausgaben sich in kürzester Zeit total. An diesen Tagen kann ich keine Höchstleistungen über Stunden verlangen, sondern sie nur verhältnismäßig kurz an der Herde einsetzen beziehungsweise muss ich sie dann öfter mal »auswechseln«.

Meine Hunde sind zwar alle echte Arbeitstiere, die ihre Aufgaben lieben und brauchen – es sind jedoch auch meine besten Helfer und treue Gefährten im Alltag als Schäferin. Sie sind ein sehr wichtiger Teil meines Lebens und zu jedem einzelnen von ihnen habe ich eine intensive enge Bindung.

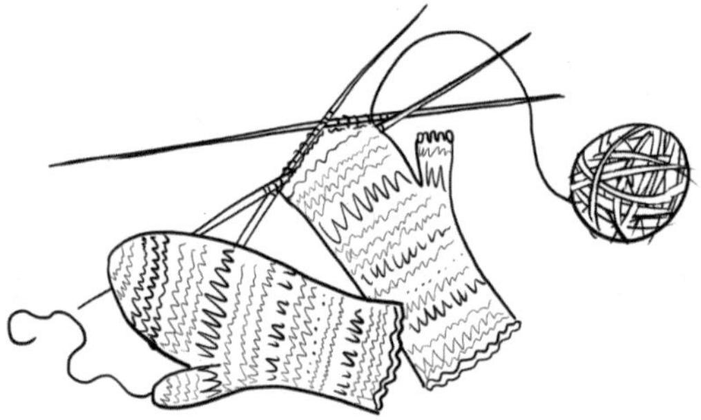

# Wellness für die Hände, Entspannung für die Seele

Ich liebe meine Schwarznasenschafe. Für mich sind es die schönsten Schafe überhaupt. Vor allem ihre wollweißen Löckchen haben es mir angetan. Individuell gibt es dann bei dem ein oder anderen Schaf noch braune oder graue Flecken am Körper und natürlich schwarze Wolle am Hinterteil, jedem Bein und am Kopf. Diese schwarzen Partien sind es, die der Rasse ihr unverwechselbares Aussehen gibt. Einige meiner Schwarznasenschafe sehen jedoch auch etwas untypisch aus: Sie sind komplett graumeliert. Ich persönlich finde das wunderschön, auch wenn es nicht gerade dem erwünschten Rassestandard entspricht.

Egal welche Farbe, die Wolle meiner Schwarznasen ist auf jeden Fall viel zu schade, um in den Säcken für den Wolldünger zu landen. Ein Teil davon wird daher online verkauft und zum Filzen und Spinnen verschickt. Einen kleinen Teil behalte ich jedoch für mich selbst. Ich kann mir daraus beispielsweise ein Paar neue Handschuhe für den Winter machen. Wolle zu verarbeite ist ein uraltes Handwerk, das gar nicht so schwer zu erlernen ist.

Am liebsten verwende ich Wolle, die im Spätsommer geschoren wird. Sie ist feiner und sauberer als die Winterwolle. Die der Schwarznasenschafe ist sowieso schon eher grob und etwas rau, lässt sich aber wunderbar verspinnen. Ihre Farbtöne reichen von schwarz über braun bis wollweiß; und allem dazwischen: Grau-, braun- und schwarzmeliert. Jedes Mal wieder bin ich hellauf begeistert von dieser Farbpalette schönster Naturtöne – und all das von nur einer Schafrasse.

Wenn es ein paar Tage vor der Schur geregnet hat, ist die Wolle quasi schon gewaschen, direkt am Tier wieder getrocknet und kann dann sofort gekämmt werden. Wenn nicht, wasche ich die Rohwolle nur einmal kurz in einem großen Zuber mit klarem Wasser aus, damit das wertvolle »Lanolin« in der Wolle bleibt. Lanolin nennt man das aus den Talgdrüsen ausgetretene Fett, welches sich in der Wolle befindet. Darum wird es auch als »Wollwachs« bezeichnet. Es wird als pflegender Emulgator in zahlreichen Kosmetika verwendet und sorgt auch bei mir während der Verarbeitung meiner Wolle für seidenweiche gepflegte Hände. Das Lanolin bewirkt außerdem, dass das gesponnene Garn wasserabweisend und die Hände später im Winter in den gestrickten Handschuhen warm und trocken bleiben.

Vor und während des Waschens sortiere ich allerlei Pflanzenteile, Gestrüpp und Ähnliches aus so gut es geht. An der Wolle sehe ich genau, wo sich das jeweilige Schaf vor der Schur herumgetrieben hat: Im Wacholderdickicht oder zwischen

Rosenranken und Schlehenhecke – die Indizien dafür finde ich alle in der Wolle. So manches Mal musste ich schon sehr aufpassen, damit mir nicht zum Vorschein kommende Dornen, Nadeln oder kleine Ästchen die Finger aufreißen. Es ist eine Arbeit für den Sommer, wo man an heißen Tagen im Schatten großer Bäume mit der Wolle arbeiten kann. Ganz in Ruhe und versunken in diese beruhigende Tätigkeit.

Die gewaschene Wolle wird schließlich in einem Gitterkorb ausgebreitet und ist bei passendem Wetter bereits am nächsten Tag getrocknet. Dann wird sie gründlich gekämmt, alle Fasern in eine Richtung. Anschließend kann es bereits mit dem Spinnen losgehen. Ich mache das mit einer so genannten »Handspindel« und mit etwas Übung ist bald das erste Wollknäuel fertig. Wie genau das Spinnen von Wolle mit der Handspindel funktioniert, dazu gibt es etliche Anleitungen im Internet und mittlerweile auch verschiedene Bücher und Workshops. Mir persönlich hat es eine Freundin gezeigt, die ich über die Schafpatenschaften kennen gelernt habe. Ein Profi bin ich leider nicht, dafür fehlt mir einfach die Zeit zum Üben. Aber für den Eigenbedarf reicht's. So dass ich mir eben selbst was aus meiner Wolle herstellen kann.

Die Handspindel passt in meine Jackentasche, etwas Wolle auch und ich kann beides überall hin mitnehmen. So nutze ich freie Zeit sinnvoll zum Spinnen – ob hinterm Stall auf der Bank sitzend, zu Hause oder in den Schafweiden auf einem großen Stein. Für ein Paar Handschuhe brauche ich etwa hundert Gramm gesponnene Wolle. Da die Wolle ziemlich dick ist, sind die Wollfäustlinge dann rasch gestrickt. Ich verwende eine Stricknadelstärke von vier bis fünf. Stricken kann ich im Gegensatz zum Spinnen schon seit meiner Kindheit. Das hat mir meine Oma gezeigt und von da an habe ich mich an allem Möglichen versucht: Socken, Mützen, Pullover und später dann auch an Jäckchen für die eigenen Kinder, Decken und Strampelsäcken.

Sind meine Handschuhe fertig, freue ich mich schon mal ein bisschen auf den kommenden Winter, wenn es meine Hände darin mollig warm haben werden. Jeder mit ein wenig Geschick kann es so machen wie ich und sich aus Rohwolle selber tolle Sachen herstellen.

3 Personen
Zubereitungszeit: ca. 30 Minuten
zusätzliche Schmorzeit: ca. 1,5 Stunden

Zutaten:
3 Lammhäxle
etwas Öl zum Anbraten
1 Handvoll Suppengemüse (Sellerie, Lauch, Möhre)
2 Zwiebeln
2 Knoblauchzehen
2 EL Tomatenmarkt
Rosmarin, Thymian, gehackt
Pfeffer, Salz, grob gemahlen
$^{1}/_{8}$ l Rotwein
$^{1}/_{4}$ l Gemüsebrühe

Zutaten Sommergemüse:
1 Fenchel
einige Kräuterseitlinge
1 - 2 Möhren
etwas Olivenöl zum Anbraten
Kräutersalz, Pfeffer, gemahlen

Dazu gibt's frisches Baguette.

# Lammhäxle aus dem Backofen an buntem Sommergemüse

Zuerst brate ich die Häxle im Schmortopf scharf in Öl an. Die geschälten und klein gehackten Zwiebeln gebe ich dazu, bis sie leicht gebräunt sind. Das geputzte Suppengemüse und die geschälten Knoblauchzehen schneide ich ebenfalls klein. Alles kommt zusammen mit dem Tomatenmark ebenfalls in den Topf und wird mit angedünstet. Schließlich gieße ich mit dem Wein und der Brühe auf, würze und lasse das Ganze mit geschlossenem Deckel im vorgeheizten Backofen bei 160 °C circa 1,5 Stunden schmoren. Die Häxle sind fertig, wenn sich das Fleisch leicht vom Knochen lösen lässt. Es soll ganz zart sein und regelrecht vom Knochen abfallen. Die Häxle werden aus dem Topf genommen und warm gestellt, so dass ich noch eine leckere Sauce bereiten kann, indem ich sie durch ein Sieb streiche und abschmecke. Für das Sommergemüse wird zuerst der Fenchel in feine Streifen geschnitten und anschließend zusammen mit den Kräuterseitlingen in etwas Öl angebraten. Ich würze beides mit Kräutersalz und Pfeffer. Währenddessen können die in Streifen geschnittenen Möhren kurz gekocht werden, sie sollen jedoch bissfest bleiben. Ich gebe sie dann zu dem gebratenen Gemüse dazu und schwenken alles miteinander kurz durch. Schließlich das Gemüse zusammen mit je einem Häxle auf vorgewärmten Tellern anrichten und mit der Sauce und frischem Brot servieren.

4 Personen
Zubereitungszeit: ca. 30 - 45 Minuten
zusätzliche Gar- bzw. Grillzeit: mind. 30 Minuten

Zutaten:
4 Lammsteaks
Salz, Pfeffer, grob gemahlen
4 große Kartoffeln, überwiegend festkochende
4 dicke Apfelscheiben inklusive roter Schale, Stiel und Kerngehäuse
etwas Butter zum Einfetten
200 ml Sahne oder Milch
Salz, Pfeffer, gemahlen
Ziegenkäse, gerieben

Zutaten Gemüse:
mehrere möglichst kleine Zucchini inklusive Blüte
1 kleine Zwiebel
Petersilie, Schnittlauch, Basilikum, fein gehackt
Olivenöl zum Anbraten

Zwetschgenchutney selber gemacht (siehe Extra-Tipp)

# Lammsteak an Kartoffel-Apfel-Gratin, Zucchiniblüten und fruchtigem Zwetschgenchutney

Für das Gratin reibe ich die Kartoffeln in Scheiben und schichte sie in vier kleine eingefettete Förmchen. Darüber kommt ein Guss aus Sahne, Salz, Pfeffer und dem Ziegenkäse, so dass die Kartoffeln bedeckt sind. Jede Portion wird noch mit einer Apfelscheibe dekoriert, bevor es für 25 - 30 Minuten in den auf 180 °C vorgeheizten Backofen geht.
Für das Gemüse wird die Zwiebel geschält, klein gehackt und in Öl angebraten. Dazu kommen die Kräuter und die 5 bis maximal 20 Zentimeter langen Zucchini, frisch geerntet aus dem Garten. Sie werden nur relativ kurz in der heißen Pfanne geschwenkt, so dass sie zwar gar werden, jedoch ihren Biss behalten. Anschließend würze ich lediglich mit etwas Salz und Pfeffer.

Die Steaks können entweder auf dem Grill 4 - 5 Minuten auf jeder Seite knusprig gegrillt oder aber in der Pfanne scharf angebraten werden, um anschließend im Backofen noch circa 15 Minuten gar zu ziehen. In jedem Fall sollen die Steaks beim Verzehr innen noch rosa sein.
Gewürzt wird das Fleisch erst auf dem vorgewärmten Teller, wo es zusammen mit dem Gratin, dem Gemüse sowie leckerem selber gemachten fruchtigen Zwetschgenchutney angerichtet wird.

Extra-Tipp

# Chutney aus Zwetschgen

Chutneys schmecken zu allem Gegrillten hervorragend und bringen Frische auf den Tisch. Warum nicht selber eine leckere Alternative zu den oft viel zu süßen und künstlich schmeckenden fertigen Saucen aus dem Supermarkt herstellen?

Zwetschgen gibt es zu dieser Jahreszeit meist im Überfluss, aus 1 Kilo ist schnell eine fruchtig scharfe Chutney-Variante gezaubert.

Dazu schmelze ich in einem heißen Topf 2 Esslöffel Rohrzucker und schwenke darin 1 lila Zwiebel, 1 Knoblauchzehe und 1 fingergroßes Stück Ingwer, alles fein gehackt. Dazu kommen 2-3 Esslöffel dunkler Balsamessig, je 1 Prise Chili und Salz sowie der Saft 1 Zitrone und 1 Esslöffel Senfkörner. Zu guter Letzt gebe ich die gewaschenen und entkernten Zwetschgen hinzu und lasse alles 5-10 Minuten köcheln.

Mit dem Pürierstab wird dann die Masse zur gewünschten Konsistenz püriert; ich mag das Chutney gerne als grobe Sauce, es kann aber auch mit Stückchen serviert werden. Wer mag, kann es sogar noch mit etwas Zimt, Nelken oder anderen Gewürzen verfeinern. Abgekühlt passt es perfekt zu allen Grillgerichten und bereichert jede Sommertafel.

»Kochend heiß in kleine Twist-Off-Gläser eingefüllt, kann das Chutney – ähnlich wie Marmelade – lange haltbar gemacht werden.«

Apfelernte und Wacholderduft

# SEPTEMBER

# Streuobstwiesen, Schätze in der Landschaft

Ich bewirtschafte ungefähr zwanzig Hektar alte Streuobstwiesen mit rund 500 verschiedenen Obstbäumen auf mehreren Gemarkungen. Im Frühling sind diese Wiesen ein duftendes Blütenmeer, im Sommer wunderbare Schattenspender und im Herbst Sinnbild für den Genuss vieler verschiedener Obstsorten. Zudem stellen sie einen einzigartigen Lebensraum für etliche Tiere und Pflanzen dar. Für die Landwirte sind sie weitestgehend uninteressant, da die eng stehenden Bäume bei jedweder Bewirtschaftung eher hinderlich sind. Aus diesem Grund habe ich sie zur Pflege bekommen, als Weiden für meine Schafe eignen sie sich nämlich hervorragend: Sie spenden viel frisches Gras, dienen als Wetterschutz vor Sonne und Regen und das Obst, das oft schon lange vor der Reife herunterfällt, kann gleich mit aufgefressen werden. Die Wiesen werden also einerseits gepflegt, zudem verkommt auch nichts auf ihnen. Die Schafe fügen sich wunderbar ein.

Um die Ernte der ganzen Bäume muss ich mich zum Glück nicht kümmern, ich habe lediglich das Grünland in Pacht, also die Wiesen unter den Bäumen. Eine eigene separate Obstbaumwiese und noch eine zweite direkt am Stall, die ich ernte und deren Obst ich verwerte, reichen mir völlig.

Streuobstwiesen waren früher weit verbreitet und wurden von ihren Besitzern oder Pächtern gut genutzt: Es wurde Heu gemacht, das Vieh durfte dort weiden und natürlich wurde das vitaminreiche Obst geerntet und weiter verarbeitet: Es wurde Saft gepresst, Most im Keller eingelagert und Trockenfrüchte hergestellt. Selbst der Trester wurde noch eingeschlagen und später im Winter als Zusatzfutter in kleinen Mengen an die Milchkühe verfüttert. Die Bäume wurden regelmäßig geschnitten, die Äste zu Büscheln gebunden, die wiederum zum Anzünden des Ofens verwendet wurden. Musste doch einmal ein Baum gefällt werden, fand er noch als Brennholz seine Verwendung. Es wurden Sorten gepflanzt, die für die jeweilige Region geeignet waren – je nach Klima und Bodenbeschaffenheit. Außerdem möglichst verschiedene Sorten mit unterschiedlichen Blüh- und Reifezeitpunkten. So stellte man sicher, dass die Ernte bestmöglich eingebracht werden konnte und man für die Früchte eines jeden Baum auch eine Verwendung hatte.

Heute sieht man meist nur noch die Überreste dieser alten Streuobstwiesen. Wenn man jedoch genau hinschaut, finden sich beispielsweise im Frühjahr immer noch Bäume, die erst Wochen nach vielen anderen Obstbäume zur Blüte kommen. Ihnen kann dann auch ein später Frost nichts anhaben.

Auf einer großen Anzahl alter Obstwiesen wurden noch nie Pestizide oder Dünger eingesetzt. Aus diesem Grund konnte sich dort eine schier überwältigende Artenvielfalt entwickeln, die es unbedingt wert ist, erhalten zu bleiben:

Etliche Wiesenblumen und damit verbunden natürlich eine unendliche Anzahl von Insekten, zum Beispiel auch die geschützte Hornisse. Außerdem viele verschiedene Vögel, die sich von den vorhandenen Früchten oder aber Insekten ernähren; darunter neben Singvögeln und Spechten auch einige geschützte Arten wie Wendehals oder Steinkauz. Sogar kleine Säugetiere finden hier eine Heimat und Unterschlupf in knorrigen Höhlen alter Obstbäume oder liegen gelassenen Reisighaufen, wie zum Beispiel Fledermäuse, Siebenschläfer, Haselmäuse, Eichhörnchen oder Igel. Es handelt sich um einen einmaligen Lebensraum, eine von Menschen geschaffene Kulturlandschaft, die es durch extensive Nutzung vor der Verbuschung, aber auch der Rodung, zu bewahren gilt.

Manche der Bäume auf »meinen« Streuobstwiesen werden von den Besitzern vorbildlich gepflegt und genutzt. Hier beweide ich mit den Schafen nur im Frühjahr und dann erst wieder nach der Obsternte im Herbst. Möchte der Besitzer nämlich seine Früchte ernten, achte ich darauf, ab spätestens August keine Schafe mehr dort zu haben, damit er sich nicht mit ihren Hinterlassenschaften herum ärgern muss. Um andere Wiesen wird sich hingegen gar nicht mehr gekümmert, diese kann ich für meine Schafe nutzen, wie ich sie gerade brauche. Bei wiederum anderen Wiesen wünscht sich der Besitzer vor der Ernte, dass um die Bäume herum gemulcht wird. Das ist zwar nicht die Regel, kommt aber vor und muss eingeplant werden. Die meisten Streuobstwiesen haben einen alten Baumbestand, werden aber doch mal Bäume nachgepflanzt ist es wichtig, dass sie gut umzäunt werden. Sonst sind sie in Kürze von den Schafen abgefressen oder sie scheuern sich daran und die jungen Bäumchen knicken um.

Alles in allem ist bei der Vielzahl an Wiesenbesitzern mit ihren unterschiedlichen Ansprüchen ein gewisses Organisationstalent gefragt. Ich muss den Überblick behalten, so dass niemand verärgert wird und gleichzeitig meine Tiere gut versorgt sind.

Es gibt Eigentümer, die ihr Obst tatsächlich auflesen und zur Annahmestelle in die örtlichen Mostereien bringen. Dafür bekommen sie dann ein paar Cent für den Doppelzentner. Es ist jedoch eine mühselige und unwirtschaftliche Arbeit, die

meisten machen es aus Idealismus. Nachvollziehbar, dass es daher auch viele Wiesen gibt, auf denen alles Obst runterfällt und viel nach und nach am Boden vergammelt. Manchmal habe ich im Winter noch bis in den Februar hinein Äpfel aufgelesen und den Tieren im Stall gefüttert – eine willkommene Abwechslung bei der Winterfütterung.

Meine eigene Obstbaumwiese direkt am Stall nutze ich vielfältig: Zum Beispiel als Zwischenstopp bei Wanderungen von einer Weide auf die nächste. Für die Schafe ist sie ideal zum Ausruhen für ein paar Tage, bevor wir wieder woanders hin weiter ziehen. Da die Wiese zudem viel Schatten bietet, wächst hier auch in heißen trockenen Jahren meist noch genug frisches Gras zum Abfressen. Heruntergefallene Äpfel sind zudem eine leckere und gesunde Abwechslung für die Tiere. Mutterschafe mit Lämmern bringe ich aus zweierlei Gründen gerne gerade hier unter: Das Futter ist im Vergleich zu dem Halbtrockenrasen in den Naturschutzflächen viel nahrhafter und abwechslungsreicher, ideal zum Wachsen und Gedeihen. Außerdem habe ich den Nachwuchs vom Stall aus gut im Blick, was mir gerade in den ersten Wochen wichtig ist. Und natürlich ernte und verwerte ich das Obst, wenn es reif ist. Tatsächlich habe ich schon seit Jahren keinen Apfel mehr gekauft. Ich finde von Juli bis in den Winter hinein auf meinen Obstbaumwiesen die unterschiedlichsten Apfelsorten. Die ersten Äpfel, die ich auflese, sind »Weiße Kläräpfel«. Sie eignen sich wegen ihrer Säure hervorragend für ein scharfes Chutney. Als Nächstes werden die Äpfel der Sorten »Jakob Fischer« und »Roter Astrachan« reif. Letzterer gehört definitiv zu meinen Lieblingsäpfeln: Die Farbe der Schale leuchtet intensiv rot-violett und zieht sich aufgeschnitten noch weit bis ins helle Fruchtfleisch hinein. Er schmeckt saftig und angenehm säuerlich. Für mich ist dieser Apfelbaum jedes Jahr wieder ein kleines Wunder: Wenn man im Frühjahr schon gar nicht mehr daran glaubt, dass er noch blühen wird, steht er plötzlich da in voller Pracht – wenn alle anderen Obstbäume längst verblüht sind. Dadurch bringt er auch nach späten Nachtfrösten Mitte oder Ende Mai noch Ertrag. Manches Jahr sicher auch mal weniger, aber er trägt sie stets, diese kleinen leckeren Äpfel, die ich so gerne mag.

Ich bin begeistert von der reichlichen Sortenvielfalt, aus der man für jede Verwendung die richtige Frucht heraussuchen kann. Einige Apfelsorten eignen sich besonders gut für Apfelkuchen oder in heißem Fett ausgebackene »Apfelküchle«, zum Beispiel der »Rote Boskoop«. Die vielen verschiedenen »Renette«-Sorten schmecken meiner Meinung nach frisch und knackig am besten. Eine Mischung mehrerer unterschiedlicher Äpfel ergibt gepresst einen köstlichen Apfelsaft oder Most. Zu guter Letzt lese ich kurz vor Weihnachten dann, wenn es noch nicht so strenge Nachtfröste

gab, die letzten »Brettacher« auf und lagere sie im Keller für den restlichen Winter ein.

Über 1000 verschiedene Apfelsorten existieren, um meinen Schafstall herum wachsen allein schon über fünfzig. Dazwischen gibt es dann noch Zwetschgen, Mirabellen, Birnen und Walnüsse. Eine köstliche Vielfalt, die nicht zu vergleichen ist mit dem »Einheitsobst« in den Supermärkten, das zudem meist auch noch durch viele Spritzmittel belastet ist. Darum lohnt es sich auch, darum zu kämpfen, dass nicht immer mehr der vielen »alten« Obstsorten aus unserer Kulturlandschaft verschwinden. Das hat nun auch das Land Baden-Württemberg erkannt: Es fördert seit ein paar Jahren den Erhalt von Streuobstwiesen durch ein kleines Programm. Man sieht wieder mehr Familien, die sich um einzelne Wiesen kümmern, zwei Mal im Jahr mähen, abgestorbene Bäume durch neue ersetzen und natürlich das reife Obst ernten und verwerten. Es macht nämlich tatsächlich viel Freude, Saft zu pressen oder selber Schnaps herzustellen. Außerdem einen Platz zu haben, an dem man sich erholen kann und nebenbei auch noch einen Lebensraum zu erhalten, der Heimat ist für viele Tiere und Pflanzen.

Ich selbst bin auf jeden Fall davon begeistert, das ganze Potential meiner Streuobstwiesen nutzen zu dürfen: Als Schafweide und zum Heumachen, als Lieferant von altem Holz, das ich zum Heizen meines Bauwagens am Stall im Winter verwenden kann, zum Obsternten für meinen Saft und die gute Küche, außerdem als Saftfutter für die Tiere. Und den Trester kann ich einschlagen und im Winter als kleines Leckerli an die Ziegen und Schafe verfüttern. Der Kreislauf schließt sich, alles findet seine Verwendung. Und ich bin mittendrin und profitiere von dem reich gedeckten Tisch der Natur.

# Im Herbst mit den Ziegen im Naturschutzgebiet Hacksberg

Langsam nähern sich unsere jährlichen Beweidungsaufträge ihrem Ende. Jedes Jahr im Herbst verbringen meine Ziegen jedoch noch mal einige Zeit im Naturschutzgebiet Hacksberg an einer stillgelegten Bahnlinie. Im Frühjahr waren wir schon einmal hier. Im Gegensatz zu damals, als reichlich Orchideen blühten und es ein Meer von blauem Wiesensalbei gab, ist es jetzt im September bereits wunderbar herbstlich: An geschützten Hängen blühen Silberdisteln, Schlehen färben die Hecken blau mit ihren Früchten und die Hagebutten sind reif. Etwas versteckt findet man Flächen voller Fransenenzian, der nun wunderschön lila in voller Blüte steht. Er gehört, wie auch die Orchideen und Silberdisteln, zu den geschützten Pflanzen in dieser Region.

Ein Teil der Hänge sind so genannte »Einmadwiesen«. Das bedeutet, sie werden im Herbst einmal gemäht. Steile sowie sehr steinige Flächen können jedoch nicht gemäht werden und werden daher von meinen Tieren abgeweidet. Ich fühle mich wohl in dieser Gegend mit der weiten Aussicht über das Heckengäu. Es ist still und sehr malerisch.

Jedes Jahr sammle ich hier unter anderem auch ein kleines Körbchen voll Schlehen. Aus ihnen lässt sich eine wunderbare herbe Marmelade kochen. Und die Hagebutten eignen sich hervorragend für meinen Hagebuttentee, den ich im Winter immer gerne bereite. Begeistert bin ich vor allem auch von den wild wuchernden und duftenden Wacholdersträuchern, die es hier überall gibt. Sie liefern die schwarzen Gewürzbeeren für viele meiner Rezepte. Nur eine Handvoll davon sammle ich, denn sie sind sehr intensiv im Aroma und ich verbrauche deshalb nicht so viele übers Jahr hinweg. Faszinierend jedenfalls, dass die Natur auch hier auf diesen kargen trockenen Flächen etliche seltene schützenswerte Pflanzen und auch wunderbare Zutaten für die heimische Küche hervorbringt.

Je nachdem wie das Wetter im Sommer war, wie also nun im Herbst die Vegetation vor Ort da steht, komme ich mit mehr oder eben weniger Tieren hierher zurück. In trockenen Jahren reichen die nachgewachsenen Pflanzen gerade mal noch für einen relativ kleinen Trupp Ziegen als Futter. Die finden jedoch auch auf den kargsten Flächen noch genug zu fressen, können Schösslinge schälen und knabbern ja auch gerne an Buschwerk. Meine Schafe benötigen da schon einiges mehr, um satt zu werden. Vor allem viel gutes Gras. Daher lasse ich die im Herbst meist lieber auf verschiedenen Obstbaumwiesen weiden.

Ich muss jedoch flexibel entscheiden: Es gab auch schon Jahre, da war so viel Futter vorhanden, dass ich mit einer großen Herde, bestehend aus Ziegen und Schafen, hierher ins Naturschutzgebiet Hacksberg gewandert bin, um den Weideauftrag überhaupt erfüllen zu können. Unsere Wanderroute beträgt dann ungefähr drei Stunden, unterwegs machen wir jedoch mehrmals einen Zwischenstopp auf alten Streuobstwiesen. Bei alten Bäumen können auch meine Ziegen keinen großen Schaden anrichten und so nehmen wir unterwegs diese Möglichkeiten zum Verschnaufen und Rasten gerne wahr. Wird das Futter im Naturschutzgebiet jedoch nur für wenige Tiere reichen, werden lediglich 25 Ziegen mit dem Viehhänger hingefahren. Das geht in der Regel schneller, auch wenn ich beim Verladen meiner Ziegen nicht selten in die Trickkiste greifen muss: Zwei Weidenetze an einer schlau gewählten Stelle auf der Wiese zu einem Gang aufgebaut und mindestens eine volle Schale mit leckerem Futter zum Locken sind obligatorisch. Am Besten habe ich dann neben den Hunden noch eine zweite Person, die von hinten treibt und mir hilft …

Nach den mehr als 15 Jahren, die meine Tiere hier nun schon zwei Mal im Jahr weiden, ist der Halbtrockenrasen mit all seiner Flora und Fauna auf weiten Flächen zurückgekehrt. Auch haben die Ziegen nach und nach den Bahndamm wieder freigelegt, wo sich zwischenzeitlich neuer Lebensraum für viele Tiere und Pflanzen entwickeln konnte. In den ersten Jahren war noch alles zugewachsen. Vor allem Robinien, die ursprünglich als Nahrungsquelle für die Bienen im Frühjahr und zur Herstellung von Akazienhonig eingeführt und gepflanzt wurden, hatten sich hier flächendeckend ausgebreitet. Da diese Bäume nach einer Fällung massenhaft Schösslinge an ihren Stümpfen bilden und somit durch Abholzung eher eine Vermehrung herbei geführt wird, durfte ich im Rahmen eines offiziellen Versuchs alternativ mit meinen Zie-

gen ran. Der Versuch bestand darin, die Bäume in einem ersten Schritt etwa auf einem Meter Höhe zu kappen. Die zarten Triebe, die sich dann erst mal wieder bildeten, fraßen meine Ziegen bei jeder Beweidung ab, so dass die Bäume schließlich nach ein paar Jahren komplett abstarben. Das Resümee ist, dass man die Ausbreitung der Robinie nur durch konsequente Beweidung nach und nach wieder in den Griff bekommt, nicht jedoch durch Abholzung. Sie ist ein robuster Baum mit langen spitzen Dornen, der in größeren Mengen auch nicht besonders schmackhaft und sogar giftig sein kann. Meine Ziegen sind zum Glück immer gesund und munter geblieben und haben sich nicht den Magen verdorben. Außer Verletzungen durch die Dornen, die in den Klauen der Tiere steckten, haben wir das Problem weitestgehend unbeschadet überstanden.

Zeitweise hatten wir sogar noch eine deutlich größere Fläche als heutzutage an der Bahnlinie zu beweiden, doch mittelfristig erwies sich das leider nicht als praktikabel. Und auch der Versuch, alternativ ein Waldstück in einem anderen Naturschutzgebiet nahe einer Bundesstraße zu beweiden, stellte sich als zu riskant heraus, nachdem die Ziegen einmal ausgebrochen waren und den Verkehr zum Erliegen brachten. Seither begrenzen sich unsere Weideflächen auf den Landkreis Böblingen, wo man aber auch heute noch einige Kilometer auf dem Schwarzwald-Schwäbische-Alb-Allgäu-Weg direkt an meinen Ziegen entlang wandern kann.

Die werden so lange dortbleiben, wie wir Futter finden und es das Wetter zulässt. Ziegen mögen keine nasskalte Witterung und schon gar keine rauen Herbststürme. Spätestens dann gilt es Schutz zu suchen: Erst vorübergehend in kleinen Stallhütten und schließlich – später im Jahr – werden wir nach Hause zurückkehren in unseren Heimatstall, um dort den Winter zu verbringen.

2 Personen
Zubereitungszeit: ca. 30 - 45 Minuten
zusätzliche Marinier-Zeit: 1 Tag

Zutaten:
ca. 600 g Lammfleisch, Keule oder Schulter
Saft von einer Zitrone
frische Kräuter, nach Geschmack (z. B. Thymian, Rosmarin, Petersilie, Zitronenmelisse, Knoblauch)
1 EL Olivenöl
Pfeffer, gemahlen
1 Prise Chili, gemahlen oder als Flocken

Zutaten Gemüse:
1 rote Paprika
1 gelbe Paprika
1 große rote Zwiebel
Pfeffer, Salz, Knoblauch, gemahlen
Rosmarin, Thymian, Oregano, nach Geschmack
ein wenig Öl

Dazu gibt es auf dem Grill geröstete Weißbrotscheiben.

# Marinierte Lammspieße an buntem Grillgemüse und Röstbrot

Einen Tag vorher stelle ich bereits die Marinade für die Fleischspieße her. Ich verwende dafür allerhand frische Kräuter aus meinem Garten. Wer keinen Garten hat, kann sich Kräuter auch auf der Fensterbank oder dem Balkon selber ziehen. Frisch schmecken sie einfach am besten. Sie werden fein gehackt und mit dem Saft einer Zitrone sowie dem Olivenöl verquirlt. Anschließend würze ich nach Geschmack. Das Fleisch schneide ich in mundgerechte Würfel und lasse es über Nacht abgedeckt an einem kühlen Ort ziehen, nachdem ich es reichlich mit der Marinade bestrichen habe.
Erst am nächsten Tag vor dem Grillen spieße ich die Fleischwürfel auf Holzspieße auf.

Die Paprika putze ich und schneide sie in rautenförmige Stücke. Auch die Zwiebel wird geschält und in grobe Stücke geschnitten. Das Gemüse kann mit etwas Öl und Gewürzen vermengt werden, bevor es auf den Grill kommt. Es kann entweder zusammen mit den abgetupften Fleischspießen direkt über der Glut gegrillt oder aber in einer gusseisernen Pfanne zubereitet werden.
Wenn das Fleisch knusprig und das Gemüse gar ist, kommen die Weißbrotscheiben ganz kurz zum Bräunen mit auf den Grill. Alles miteinander richte ich appetitlich auf Tellern an und streue reichlich frische kleingehackte Kräuter darüber.

2 Personen
Zubereitungszeit: ca. 1 Stunde
zusätzliche Garzeit: ca. 15 Minuten

Zutaten:
2 Lammrücken, ca. 150 g pro Person
etwas Öl zum Anbraten
Salz, Pfeffer, gemahlen

Zutaten Kräuterkruste:
200 g Butter, weich
Salz, Pfeffer, gemahlen
1 Prise Knoblauchpulver
frische Kräuter, nach Geschmack, fein gehackt
3 EL Semmelbrösel
2 EL geriebener Pecorino-Käse

Zutaten Püree:
4 große Kartoffeln, mehlig kochende
1 Tomate
etwas ÖL
etwas Milch
2 EL Butter
1 rote Zwiebel
Pfeffer, Salz, Kräuter, nach Belieben

Zutaten Gemüse:
2 Handvoll kleine Tomaten, halbiert
2 Handvoll grüne Bohnen, geputzt
2 kleine Knoblauchzehen, geschält und fein gehackt
frische Kräuter, nach Geschmack (Basilikum, Petersilie, Zitronenthymian, Schnittlauch), fein gehackt
etwas Olivenöl

# Lammrücken mit Kräuterkruste an Tomaten und grünen Bohnen mit Kartoffelpüree

Die Zutaten der Kräuterkruste vermenge ich und forme dann daraus zwei Streifen, passend zur Größe der Lammrücken. Für mindestens 30 Minuten wird sie kalt gestellt. Währenddessen bereite ich das Püree zu. Die geschälten Pellkartoffeln werden noch dampfend durch die Kartoffelpresse gedrückt und löffelweise nach und nach mit warmer Milch und der Butter verrührt, bis ein cremiger Brei entsteht. Die fein geschnittene Tomate, Gewürze, Kräuter und das Öl mische ich unter und schließlich werden vor dem Servieren noch knusprig angebratene Zwiebelringe portionsweise auf dem Püree verteilt.
Das Fleisch brate ich scharf auf beiden Seiten an, dann kommt es in eine Auflaufform, wird gewürzt und mit der Kräuterkruste belegt. Im vorgeheizten Backofen gart es bei 160 °C circa 15 Minuten fertig.
Dazu gibt es ebenfalls im Ofen gebackene halbe Tomaten und in der Pfanne gedünstete Bohnen mit Knoblauch und frisch geernteten Kräutern.

Extra-Tipp

# Scharfes Apfelkompott

Sowohl als Dessert, aber auch zu gebratenem Fleisch kann ein erfrischendes Apfelkompott serviert werden. Und nicht nur klassisch süß, sondern auch mit einer scharfen Note ist es ein Genuss.

Ich stelle es aus 1 Kilo frischer selbst gesammelter Äpfel von der Streuobstwiese her (zum Beispiel der Sorte »Weißer Klarapfel« oder »Jakob Fischer«); es sollten feinsäuerliche saftige Äpfel sein. Ich schäle sie nicht, bevor ich sie in kleine Stücke schneide und mit etwas Wasser, Zucker und Chili verkoche. Das kann aber natürlich jeder nach Geschmack und Herkunft der Äpfel entscheiden. Wie viel Zucker man zugibt, kommt darauf an, wie süß das Kompott am Ende werden soll - ich rate dazu, zwischendurch abzuschmecken und gegebenenfalls Zucker nach und nach zuzugeben.

Gerne kann auch noch 1 Zimtstange für die Dauer des Kochens beigefügt werden. Je nach Wunsch-Konsistenz dauert der Kochvorgang zwischen 10 und 20 Minuten, etwas warmes Wasser kann bei Bedarf noch eingerührt werden. Kochend heiß in Gläser abgefüllt und gut verschlossen kann das Kompott lange aufbewahrt werden. Frisches Kompott vor dem Servieren abkühlen lassen.

»Mit Vanilleeis kombiniert ein herrliches Dessert an heißen Spätsommertagen ...«

Vorbereitung auf den Winter

# OKTOBER

# Zeit der Ernte

Bis zu den Ellenbogen stecke ich im Dreck. Auch unter meinen Stiefeln fühle ich große Klumpen schweren Bodens. Es duftet nach feuchter Erde und ich bin begeistert: Die Möhren, die ich im Frühjahr gesät habe, sind nun ausgereift und bereit zum Ernten. Lecker sehen sie aus, knackig und frisch. Im Geiste bereite ich daraus schon die verschiedensten Gerichte zu ...

Ich mag kein Gemüse aus dem Supermarkt. Nur im Notfall kaufe ich es. Weder dessen Herkunft, noch Aussehen oder Geschmack überzeugen mich. Überwältigt hingegen bin ich von selbst angebauten Karotten, Blumenkohl, Brokkoli, Kohlrabi und Roter Beete. Auch Spinat, Radieschen und Rettiche wachsen auf meinem Acker. Und es gibt selbstverständlich Salat, Tomaten und Gurken. Daneben wuchern in meinen Hochbeeten noch alle möglichen Kräuter für die gute Küche. Von ihnen kann ich nie genug bekommen.

Gemüse selbst anzubauen ist natürlich auch eine Zeitfrage. Daher kam mir das Angebot eines Landwirts in der Nähe, einen so genannten »Selbsternteacker« zu pachten, vor einigen Jahren gerade Recht. Seither bewirtschafte ich jede Saison ein kleines Stück Land, welches zum einen bereits mit Gemüsesetzlingen vorbereitet ist, zum anderen jedoch auch noch genügend Platz bietet für eigene Aussaaten, wie zum Beispiel die oben erwähnten Möhren, die ich so liebe. Davor hatte ich in meinem eigenen Garten ein großes Gemüsebeet. Gerade im Frühjahr jedoch – der Zeit der Lämmer, der Schur, der Umstellung von Stall- auf Weidesaison und vieler weiterer Arbeiten – fehlte mir zunehmend die Zeit und Energie, mich rechtzeitig und ausreichend um alles zu kümmern. Schließlich gab ich also den heimatlichen Garten an eine meiner Töchter und deren Mann ab und freue mich nun darüber, dass die beiden ihn mit der Hingabe bewirtschaften, die er verdient.

Auch mein gepachteter Selbsternteacker macht natürlich Arbeit, jedoch wesentlich weniger als damals mein Gemüsebeet am Haus. Getreu einem alten Bauern-Motto »Auf den Acker kommt nur, was nicht gegossen werden muss« erlaube ich mir in heißen Sommern ebenfalls, mal auf das Gießen zu verzichten. Und siehe da, jetzt im Herbst gibt es trotzdem einiges zu ernten. Es kommt eben auf die Auswahl des Gemüses an. Es gibt vieles, das hier mit verhältnismäßig wenig Pflege gut wachsen und gedeihen kann.

Pflanzen, die regelmäßig mit Wasser versorgt werden müssen oder anderweitig mehr Hege benötigen, wachsen bei mir hinterm Stall, denn da bin ich eh jeden Tag und kann mich kümmern. Dort gedeihen zum Beispiel auch meine herrlichen Tomaten, deren reichliche Früchte wir bis in den November hinein noch genießen können. Aufgehängt am Tomatenkraut reifen diejenigen in meiner Küche nach, die ich vor dem ersten Frost noch halbgrün ernten werde. Mittlerweile sieben rückenschonende selbstgebaute Hochbeete stehen am Stall. Hier kann ich dann gleich noch einen Teil unseres Mists

sinnvoll verwerten, der als großer verrottender Haufen griffbereit auf seine Verwendung wartet. Angefangen hatte es damals mit der Idee, für Wildbienen und andere Insekten eine Nahrungsquelle in Form von Blumen und Kräutern zu schaffen – inzwischen habe ich die verschiedensten Küchenkräuter, die ich zum Kochen brauchen kann, dort angepflanzt: Neben Rosmarin, Thymian und Minze natürlich auch Petersilie, Schnittlauch, Dill, Salbei und Liebstöckel. Und noch einiges mehr, wie Kapuzinerkresse und ein paar Blühpflanzen, wie Stiefmütterchen und Astern.

Bis zum ersten Frost gibt es bei mir also viel zu ernten. Trotz der damit verbundenen Arbeit ist es immer wieder ein Hochgefühl und eine Freude, den Ertrag seiner Mühe in Händen zu halten. Ich kann es nicht nachvollziehen, warum Menschen, die große Gärten ums Haus haben, zu bequem geworden sind wenigstens ein kleines Gemüsebeet zu bewirtschaften. Früher war das gang und gäbe und jeder, der die Möglichkeit hatte, baute sich selber etwas an. Gerade aus ökologischer Sicht sollten das die Menschen auch heute wieder mehr tun. Es könnten so viele Pestizide, Verpackungsmaterial und nicht zuletzt lange Lieferwege eingespart werden, wenn jeder seine Möglichkeiten diesbezüglich auch wieder mehr nutzen würde. Zudem macht gärtnern wirklich viel Freude, es entspannt und baut Stress ab.

Wer dann noch das Glück hat, so wie ich, dass er einen alten Gewölbekeller besitzt, der kann bis in den tiefen Winter hinein Gemüse und auch Obst einlagern und immer wieder frisch verwerten. Meine Möhren zum Beispiel lege ich dort in eine kleine Kuhle und decke sie mit feuchter Ackererde zu. Darüber kommt noch eine Lage Zeitungspapier, damit die Erde nicht austrocknet. So halten sie sich wochenlang.

Vorher schneide ich das grüne Kraut oben ab und mache daraus entweder ein leckeres Pesto oder aber ich verwende es statt Petersilie als Gewürz in Suppen und Eintöpfen. Es ist genauso gesund und wohlschmeckend wie die Möhren selbst, daher zum Wegschmeißen viel zu schade. Eingefroren oder getrocknet wird es haltbar und man hat jederzeit eine schmackhafte Zutat für winterliche Gerichte. Auf die gleiche Weise wie die Möhren lagere ich auch Sellerie und Rote Beete. Ebenfalls im Keller finden Kartoffeln, Äpfel und ein paar Quitten ihren Platz und ich freue mich bereits jetzt auf ihren Verzehr im Winter, wenn ich mich nach Frische und Vitaminen sehne. Wer keinen Keller hat, kann Lagergemüse übrigens in Kisten mit feuchtem Sand auch an jedem anderen kühlen, jedoch frostfreien, Platz wunderbar aufbewahren.

Ich träume auf jeden Fall schon jetzt im Herbst wieder von der neuen Saison: Vielleicht kann ich ein kleines Stück Beet, auf dem bisher lediglich Luzerne wächst, die von den Schafen regelmäßig mit Begeisterung abfressen wird, noch für den Gemüseanbau nutzen ... Wenn da nicht die Zeit und viele Arbeit wäre ... Ideen hätte ich. Nun ja, mal sehen, was das neue Jahr mir bringen wird.

# Die Pflege der Weiden im Herbst

Je nachdem wie das Wetter im bisherigen Jahresverlauf war, müssen »meine« Flächen vor dem Winter gepflegt und bereits für die neue Saison vorbereitet werden. Planen ist eher schwierig, jedes Jahr laufen meine Aktivitäten im Herbst etwas anders ab. Die wichtigsten Eckdaten muss ich jedoch im Kopf haben, um einerseits relativ spontan reagieren zu können, andererseits nichts zu vergessen. Denn neben der möglichst optimalen Pflege der Weiden vor Wintereinbruch muss natürlich auch im Herbst die effiziente Futterversorgung meiner Tiere gewährleistet sein.

Ist beispielsweise durch genügend Regen im Sommer auf den üppigen Mähwiesen ein zweiter Schnitt durch die Landwirte möglich gewesen, steht dort anschließend für meine Tiere nur noch vergleichsweise wenig Futter zur Verfügung. Eine zumindest kurze Beweidung ist jedoch trotzdem sinnvoll, da die Schafe vorhandene Mauselöcher zu und Maulwurfshügel platt treten und sie die Grasnarbe mit ihren kleinen Klauen festigen. Das Gras wird ein letztes Mal im Jahr gekürzt, so dass auch bei längerer und intensiver Kälte kein so genannter »Schneebrand« (Kälteschäden am Gras) aufkommt. Das Gras kann so gut gepflegt im darauf folgenden Frühjahr gesund in die nächste Wachstumsphase starten.

Haben wir Jahre mit geringem Niederschlag, so dass über den Sommer verhältnismäßig wenig Gras nachgewachsen ist und sich deshalb ein zweiter Schnitt für die Landwirte nicht lohnt, können meine Tiere hier deutlich länger bleiben und sich am nicht gemähten Grün kugelrund fressen. Sie gehen dann regelrecht auf wie die Hefeklöße und fressen sich rasch einen dicken Winterspeck an, da sie so energiereiche Nahrung normalerweise ja nicht gewöhnt sind. In solchen Jahren muss ich mir wenig Gedanken darüber machen, wie ich meine Tiere gut über den Winter bringe. Und auch die Flächen gehen genauso gepflegt in die kalte Jahreszeit, wie wenn es einen zweiten maschinellen Schnitt gegeben hätte.

Auch auf anderen Weiden, die so karg sind, dass sie generell nur einmal im Jahr gemäht werden, macht es Sinn, die »Pflegemaßnahmen« durch die Schafe durchführen zu lassen. Selbst wenn das vorhandene Futter nur einen kurzen Beweidungszeitraum zulässt. Es ist nämlich wichtig, dass altes noch vorhandenes Gras vor dem Winter möglichst kurz abgefressen wird: So wird im Frühjahr das frische Grün, welches sich an diesen Orten sowieso schwertut, nicht noch zusätzlich beim Wachsen durch »Altgras« behindert. Der Kot der Schafe leistet außerdem als biologischer Dünger gerade auf solchen Flächen noch gute Dienste. Mal wieder eine so genannte »Win-Win-Situation«, denn wenn für solche Flächen keine Schafe zur Verfügung stünden, müssten die Landwirte den Aufwand betreiben sie im Herbst zu mulchen, um den Bewuchs möglichst kurz in den Winter zu bekommen. Diese Arbeit fällt für sie also weg und stattdessen können sich meine Tiere hier satt fressen und gleichzeitig die nötigen Pflegemaßnahmen an den Weiden durchführen.

Niedriges Gras ist generell weniger krankheitsanfällig in der nasskalten Jahreszeit, zum Beispiel gegenüber Pilzen, so dass auch einige »unserer« Wiesen im Herbst zusätzlich zur Beweidung noch maschinell gemulcht werden. Nämlich dann, wenn dort Pflanzen wachsen, die meine Tiere nicht gerne fressen – wie zum Beispiel Ampfer und Knöterich – oder die sogar giftig für sie sind und daher verschmäht werden – wie die Herbstzeitlosen und das gefürchtete Jakobskreuzkraut. Vor allem auf diversen Obstbaumwiesen findet daher jetzt im Herbst nach der Beweidung durch meine Schafe noch ein Pflegeeinsatz mit dem Mulcher statt.

Genauso auf den nicht zu steilen Hängen und den weniger steinigen Flächen der Naturschutzgebiete, wo meine Schafe beispielsweise von der »Aufrechten Trespe« nur die Köpfe abgefressen haben, weil der Stiel ihnen nicht schmeckt. Beim Mulchen können eben auch noch gröbere und sogar verholzte Pflanzenteile geschnitten und zerkleinert werden. Da das Mulchgut recht fein zerteilt wird, kann es ohne Probleme auf den Flächen liegen bleiben und dort verrotten. Vor allem auf eher trockenen Böden kann eine Mulchschicht zudem helfen, den Boden zu schützen und Feuchtigkeit zu halten.

Bei der Pflege der Weiden im Herbst heißt es also vor allem, auf die Auswirkungen des Wetters im Sommer richtig zu reagieren und sich entsprechend abzusprechen mit Auftraggebern, Landwirten und Obstbaumwiesenbesitzern. Wie lange wird wo das Futter noch reichen? Welche Flächen müssen unbedingt noch beweidet werden? Und wie lange genau wird das dort dauern? Wohin kann ich mit meinen Tieren wandern und wann brauche ich den Transporter? Wie viele Tiere sind an welchen Orten nötig und kann ich sie dort tatsächlich alle noch satt bekommen im angedachten Zeitraum? Wo muss nach meinen Tieren zusätzlich noch der Mulcher ran? Und mit welcher Aufgabe beginne ich jetzt am sinnvollsten?

Eine »falsche« Entscheidung kann bedeuten, dass ich unter Umständen nicht nur einen Auftraggeber oder Landwirt nicht zufrieden stelle, sondern vor allem auch, dass das vorhandene Futter nicht reicht, ich Tiere verkaufen oder vorschnell zum Stall holen und dort »durchfüttern« muss. Es hängt eben wieder einmal alles zusammen und voneinander ab. Es gibt oftmals ein positives Zusammenspiel, aber eben auch das Risiko negativer Kettenreaktionen, die bedacht und mit einkalkuliert werden müssen. So ist das eben in der Schäferei, wie ich sie betreibe. Alles zu organisieren und zu planen ist manchmal anstrengend und schwierig, jedoch sind es ja genau diese Absprachen miteinander und die gute Zusammenarbeit verschiedener Berufsgruppen, die es möglich machen, Flächen im Sinne der Natur lückenlos und ganzheitlich zu nutzen, zu bewirtschaften und vor allem zu erhalten.

Und wenn alles einigermaßen so klappt, wie ich es mir erdacht habe, dann muss ich mir ab Ende Oktober so langsam auch endlich keine Gedanken mehr machen, ob das Futter auch wirklich ausreichen wird: Denn das Winterfutter ist dann längst eingelagert und so lange noch kein Schnee fällt, können die Schafe ungestört draußen fressen, während sie gleichzeitig noch etwas Gutes für die entsprechenden Flächen tun. Bis ungefähr Mitte Dezember werden sie so auf den Weiden bleiben, überall wo es noch Nahrung für uns zu finden und Pflegemaßnahmen zu erledigen gibt. Aber auch das wird letztlich der Wettergott für uns entscheiden. Ich muss gewappnet sein. Wenn der Winter kommt, wird die Wanderschaft mit dem Großteil der Schafe heim zum Stall gehen; nur manche meiner Tiere werden auch dann noch draußen bleiben und dort genügend Futter finden.

2 Personen – je nach Hunger
Zubereitungszeit: ca. 20 Minuten

Zutaten:
2 Handvoll kleine rote Tomaten
2 Knoblauchzehen
etwas Olivenöl
ein paar Walnusskerne
frische Kräuter wie Petersilie, Zitronenverbene, Basilikum, Bohnenkraut
Salz, Pfeffer, gemahlen
Hartkäse aus Schafsmilch

Dazu gibt's Spaghetti al dente.

# Pasta an kleinen Tomaten mit geriebenem Schafskäse

Die Nudeln werden nach Packungsangabe gekocht. Währenddessen hacke ich die Walnusskerne klein und schneide auch die geschälten Knoblauchzehen in möglichst kleine Stückchen. Beides schwenke ich in einer großen Pfanne, in der ich vorher etwas Öl erhitzt habe. Erst kurz bevor die Spaghetti fertig sind, kommen auch die Tomaten dazu. Ich verwende eine meiner Lieblingssorten aus dem Garten, nämlich »Rote Murmel«. Deren Pflanzen liefern auch jetzt im Oktober noch viele kleine runde Früchte für die schnelle Küche. Sie schmecken herrlich fruchtig süß und knackig frisch.
In die Pfanne kommen dann noch die Kräuter, die ich vorab fein gehackt habe. Jeder kann natürlich nach Geschmack entscheiden, welche Kräuter er verwendet. Ich probiere immer mal wieder andere Kombinationen aus, je nachdem was in meinen Hochbeeten so wächst und appetitlich aussieht. Zum Schluss gebe ich die fertige Pasta ebenfalls in die Pfanne und schüttle alles kurz durch. Löffelweise kann noch etwas Nudelwasser zugegeben werden, falls mehr Flüssigkeit gewünscht wird.
Kurz vor dem Anrichten reibe ich großzügig Hartkäse aus Schafsmilch über die Pasta und garniere noch mit ein paar weiteren gehackten Walnusskernen.

4 Personen
Zubereitungszeit: ca. 30 Minuten
zusätzliche Schmorzeit: 1 - 1,5 Stunden

Zutaten:
400 g Lamm- oder Zickleinfleisch, in Würfeln
Öl zum Anbraten
1 Karotte
1 Zwiebel
1/2 Stange Lauch
1 Stange Staudensellerie
1 Knoblauchzehe
20 g Tomatenmark
1/4 l Weißwein
1/4 l Gemüsebrühe
Salz, Pfeffer, gemahlen

Zutaten Polenta:
200 g Polentagrieß
1/2 l Gemüsebrühe
Salz, Pfeffer, Muskat, gemahlen
1 TL Chilifäden zum Garnieren

# Zartes Zickleinragout mit Polenta

Zuerst wird das Fleisch scharf angebraten, wieder aus dem Topf genommen und warm gestellt. Als Nächstes dünste ich im gleichen Topf das Gemüse an, das vorab gewaschen, geputzt und in möglichst feine Stückchen geschnitten wurde. Eine Handvoll davon nehme ich vor dem nächsten Arbeitsschritt wieder raus und hebe es zum späteren Garnieren der Teller auf. Das Tomatenmark und schließlich auch wieder die Fleischwürfel gebe ich zum restlichen Gemüse in den Topf. Alles darf leicht anrösten. Mit Wein und Brühe abgelöscht köchelt das Ragout anschließend noch circa 1 - 1,5 Stunden auf kleiner Stufe mit verschlossenem Deckel gar. Zum Schluss würze ich kräftig mit Pfeffer und Salz.
Mein Tipp ist, sich die Gemüsewürze für die Brühe selber zu machen (siehe Extra-Tipp im Februar), das geht ganz leicht und schmeckt fabelhaft würzig und ist kein Vergleich zu herkömmlicher Instantbrühe.
Eine halbe Stunde vor Ende der Garzeit wird die Gemüsebrühe für die Polenta aufgekocht und der Grieß eingerührt. Anschließend lasse ich die Polenta circa 10 Minuten quellen. Dann wird sie gewürzt und gründlich durchgerührt. Ich richte sie gerne als hübsche Kugel geformt portionsweise auf dem Teller mit dem Ragout an und garniere mit einigen Chilifäden oder gehackter Petersilie.

Extra-Tipp

# Sonnengereifte Tomaten im Glas

Wer auch in der kalten Jahreszeit den Geschmack von Sommer genießen möchte, der kann jetzt vorsorgen, wo es meist noch viele frische Tomaten gibt. Ich mache mir die Arbeit und koche eine große Menge Tomatensauce auf einmal ein, so dass sie über den ganzen Winter ausreicht.

Dafür verwende ich 5 Kilo reife Tomaten, die ich in Viertel schneide und jeweils den Stielansatz entferne. Ich schäle sie nicht, die Schale bringt Geschmack und enthält außerdem wertvolle Ballaststoffe.

2 große Zwiebeln und die Zehen einer ganzen Knoblauchknolle schneide ich möglichst fein und schwitze sie in etwas Olivenöl an. Dazu kommen die Tomaten und verschiedene Kräuter und Gewürze wie Chili, Salz, Pfeffer, mehrere Lorbeerblätter, Oregano, Thymian, Bohnenkraut und etwas Lavendel.

Das Ganze lasse ich dann circa 30 Minuten einkochen, kurz vor Schluss wird noch gehacktes Basilikum zugegeben. Die Lorbeerblätter nehme ich wieder aus der Sauce, bevor ich sie schließlich püriere. Lauwarm fülle ich die Sauce in Zip-Beutel ab und friere sie nach dem Abkühlen ein.

»Die Sauce in Gläschen abgefüllt ist ein tolles Mitbringsel für Freunde und Familie!«

Wanderschaft und Schafpflege

# NOVEMBER

# Heimweg aus der Stadt zum Stall

Die Tage sind nun kurz, das Wetter meist nasskalt und windig. Die Schafe finden auf unseren Spätsommerweiden immer weniger zu fressen. Wir pendeln bereits seit einigen Wochen zwischen den umliegenden Naturschutzgebieten und den Flächen in und bei Sindelfingen, die ich mit meinen Tieren beweiden darf.

In der Stadt sind meine Schafe natürlich eine Attraktion und viele Bewohner kommen zusammen, wenn wir dort unterwegs sind. Eine Schafherde in der Stadt ist heutzutage eben kein alltäglicher Anblick mehr. Der Vorteil für mich, auch Weideflächen in städtischer Umgebung zu haben, besteht vor allem darin, dass ich Menschen persönlich treffe, zu denen ich sonst keine Kontakte hätte. Ich komme mit ihnen ins Gespräch und kann sie so zum Nachdenken anregen: Wenn ich beispielsweise ihre Fragen rund um den Beruf der Schäferin beantworte und ihnen den Sinn von regionalen Produkten vom Wochenmarkt in Sindelfingen erkläre, auf dem auch ich mein Fleisch verkaufe. Außerdem mache ich an meinen städtischen Weiden auf das Projekt »Schafpatenschaften« aufmerksam, denn viele Tierfreunde – vor allem natürlich die Kinder – werden von meinen Tieren geradezu magisch angezogen. So konnte ich schon einige Menschen darüber informieren und vielleicht sogar dafür gewinnen, wie ich lebe und was ich mache.

Denn Unterstützung ist wichtig und die bekomme ich natürlich am ehesten durch Aufklärung und eben viele persönliche Gespräche. Einige Spaziergänger aus Sindelfingen sind beispielsweise inzwischen Schafpaten geworden, andere wurden Stammkunden an meinem Stand auf dem Wochenmarkt. Ganze Schulklassen haben mich bereits im Rahmen des Projekts »Lernort Bauernhof« am Stall besucht. Tatsächlich habe ich mittlerweile sogar einige freiwillige Helfer gefunden, die gerne regelmäßig nach den Schafen schauen, wenn sie in Sindelfingen auf den Weiden stehen. Damit nehmen sie mir den ein oder anderen Kontrollgang dorthin ab, denn Weiden in der Stadt zu haben, hat auch seine Nachteile: Verhältnismäßig viele Radfahrer, Spaziergänger, Hundehalter und so weiter bergen eben auch Risiken: Wo viel los ist, da passiert auch mehr. So wurden mir schon Zäune zerschnitten, der Strom abgeklemmt oder meine Schafe wurden von Hunden gejagt. Auch klingelt häufiger das Telefon, weil gut meinende Passanten leere Wasserkübel oder hinkende Schafe bemerkt haben wollen.

Auf der einen Seite sind solche aufmerksame Mitmenschen natürlich gut, jedoch ist der Grad zu »falscher« oder »unwissender« Tierliebe manchmal schmal und es strengt mich ungemein an, wichtige von »falschen« Meldungen zu unterscheiden. So oder so, je nach Standort, umliegenden »Gefahrenquellen« und eben zuverlässigen Helfern »vor Ort« fahre ich mindestens ein- bis zweimal am Tag zu meinen Tieren, um sie zu versorgen und ihren sowie den Zustand der Zäune und Weide zu checken.

Nun ist diese Zeit jedoch vorüber und der Tag für unsere letzte große Wanderung in diesem Jahr gekommen – mit dem Ziel, gesund und vollzählig an unserem Heimatstall bei Magstadt anzukommen. Wir laufen los von den Obstbaumwiesen zwischen Friedhof und Freibad. Überall, wo noch Fallobst am Boden liegt, lasse ich es die Schafe auffressen. Sie lieben es und es liefert ihnen die Energie, die sie im Anschluss heute noch brauchen werden. Angrenzend haben wir bereits eine Waldweide und ein paar Parkwiesen des ehemaligen Gartenschaugeländes abgeweidet.

Auch wenn wir unterwegs auf dem mehrstündigen Weg häufiger mal Pausen einlegen werden, wird die Wanderung doch ziemlich an uns zehren: Relativ bald müssen wir nämlich schon die ersten beiden breiten Straßen überqueren und danach sogleich durch eine dicht bebaute Hochhaussiedlung wandern. Hier ist zwar überall nur Tempo 50 erlaubt, wegen der Enge und Unübersichtlichkeit bin ich auf diesem Stück der Strecke jedoch immer wieder sehr angespannt und aufgeregt. Nur kurz lasse ich Gedanken zu wie: »Was geht wohl in den Köpfen meiner Schafe vor sich, wenn sie sich verdutzt in den spiegelnden Haustüren anschauen, an denen wir ganz nah vorbei kommen?«

Im nächsten Moment bin ich jedoch gleich wieder hoch konzentriert und durchdenke schon im Vorfeld den nächsten Streckenabschnitt. Ein kurzes Durchatmen gibt's auf den Kilometern durch den Stadtwald, wenigstens kein Straßenverkehr. Jedoch auch hier verhältnismäßig viele Spaziergänger, Jogger, Radfahrer und fremde neugierige Hunde. Auch herumliegende Scherben oder anderer Müll könnte zum Problem werden … Ich habe es daher einerseits eilig weiter zu kommen, andererseits darf ich uns auch nicht allzu sehr hetzen und dadurch zusätzlich strapazieren: Den größten Teil unserer Wanderung haben wir schließlich noch vor uns.

Bevor wir Sindelfingen endgültig hinter uns lassen, müssen wir noch ein Villenviertel passieren. Manchmal schlägt mir hier leider keine gute Stimmung entgegen, weil sich Anwohner über die Hinterlassenschaften der Schafe auf der Straße beschweren. Was soll ich da im Vorüberziehen anderes tun als diesen Menschen den Tipp zu geben, den Schafkot am besten zusammen zu kehren und ihn als kostenlosen Dünger für ihre Gärten zu betrachten? Leider sind mittlerweile viele Menschen so weit von der Natur und ihren Kreisläufen entfernt, dass sie nur den Dreck an ihren Autoreifen sehen, nicht jedoch die Normalität und vielleicht sogar den Sinn und die Möglichkeiten dahinter. Solche Begegnungen und Erlebnisse prägen einen und ich muss manchmal wirklich aufpassen, dass ich in jenen Momenten meinen Mitmenschen gegenüber verständnisvoll und wohlwollend bleibe.

Die Stadt im Rücken liegen schließlich Felder und Wiesen vor uns. Bekannteres Terrain für die Schafe und meine Hunde, für mich überschaubarer und besser einzuschätzen. Ich bin froh, dass wir jetzt im Spätherbst am Stück relativ weite Strecken laufen können, was im Sommer bei hohen Temperaturen niemals an einem Tag zu schaffen wäre. Und so stehen wir nach ein paar Kilometern direkt an einer größeren Straße, die wir – ohne ein noch größeres Risiko einzugehen – auch leider nicht umgehen können: Der Schotterweg abseits der Fahrbahn führt nämlich direkt an einer frequentierten

Bahnlinie entlang, in zwei Meter Abstand und ohne Zaun. Das ist mir mit meinen Hunden und den Schafen, von denen immer mal eines nach rechts oder links ausschert, einfach viel zu gefährlich. Also bleibt uns nichts anderes übrig als auf der Straße ungefähr einen Kilometer unter der Bahnlinie hindurch zu wandern. Das ist definitiv Stress pur für mich und spätestens an dieser Stelle hier komme ich gehörig ins Schwitzen, auch wenn gerade jetzt Ruhe und starke Nerven gefragt sind: Wir verursachen nämlich einen Stau und nicht wenige Autofahrer hupen und versuchen »zu drängeln«. Teilweise kommen mir Schreckensbilder in den Kopf von überfahrenen Hunden, panischen Schafen oder Ähnlichem. Zum Glück ist bisher immer alles gut gegangen und es gibt ja dankenswerterweise auch genügend Autofahrer, die wirklich rücksichtsvoll sind, gerne warten und langsam machen.

Kommen wir von der asphaltierten Straße endlich wieder auf einen Feldweg, ist das Schlimmste überstanden und es ist nur noch ein gefühlter »Katzensprung« bis meine eigenen heimischen Weiden in Sicht kommen. Ich atme hörbar durch und mein Körper wird wieder etwas lockerer. Ich habe das Gefühl, dass auch die Hunde und sogar meine Schafe wissen, wo wir uns nun befinden. Sie laufen zügig und brav in

Richtung Stall. Nur noch über eine Straße müssen wir, dann sind wir endlich da. Mit offenen Stalltüren werden wir bereits von meinem Mann erwartet. Endlich alle wieder daheim und in Sicherheit. Ich atme tief durch.

Bevor wir aber zur Ruhe kommen, werden die Schafe noch nach Geschlechtern und Rassen getrennt; ich möchte nämlich möglichst keine Vermischung meiner beiden Schafrassen haben. Außerdem muss ich mir nun gut überlegen, ob nicht auch ein paar Dorperschafe mit auf die Winterweide dürfen: Sie haben schließlich keine so dicke Wolle wie andere Schafe und sind deshalb auch nicht ganz so winterhart, vor allem bei tagelangem nasskalten Wetter. Im Gegensatz dazu meine Schwarznasenschafe, die mit ihrem dicken Pelz den perfekten natürlichen Wetterschutz bilden und so nahezu das ganze Jahr über problemlos draußen sein können. Je nach anstehendem Wetter, Schutzmöglichkeiten auf der Winterweide und Wollbeschaffenheit der Schafe sortiere ich nun also in zwei Gruppen: Die, die ich ab jetzt lieber sicher und geschützt im Stall wissen will. Dazu gehören vor allem auch tragende Schafe, bald wird sich schließlich schon der erste Nachwuchs einstellen. Und die, die nicht in den Stall brauchen, sondern auf die angrenzende Weide dürfen – einfach weil sie sich draußen am wohlsten fühlen und dort auch gesünder bleiben. Mit ihnen werde ich in den nächsten Tagen aufbrechen zur Winterbeweidung in der Umgebung.

Nun machen wir aber erst mal Pause. Die Schafe können sich satt fressen und auch die Hunde und ich sind dreckig, nass, müde und hungrig. Wir alle brauchen dringend etwas Zeit zum Ausruhen. Die Weidesaison mit den Schafen ist heute offiziell zu Ende gegangen. Jetzt ist – mit wenigen Ausnahmen – vor allem wieder Stallzeit angesagt.

# Gepflegt in den Winter

Selbstverständlich habe ich das ganze Jahr über meine Tiere im Blick. Ein Großteil meiner Zeit mit der Herde besteht tatsächlich darin, zu beobachten und ihren Zustand zu checken. Ich kenne meine Schafe und Ziegen genau und merke in der Regel schnell, wenn mit einem Tier etwas nicht stimmt. Hinkt beispielsweise eines, schaue ich mir möglichst sofort dessen Klaue und das entsprechende Bein genauer an. Häufige Ursache ist das Eintreten beispielsweise eines Dorns, Nagels oder Drahtendes – je nachdem in welcher Umgebung sich die Tiere gerade aufhalten. Dafür habe ich dann auch immer eine kleine Zange im Auto, mit der ich den Übeltäter in der Regel selber unkompliziert entfernen kann, weil sofortiges Handeln meist die beste Lösung ist.

Die Schafe sehen das natürlich öfter mal anders. Wenn ein Tier sich nicht einfach so greifen und untersuchen lässt, muss ich zur Not meinen Fangstock benutzen, den ich für solche Fälle immer bei mir habe. Dazu lasse ich die Herde vom Hund zusammentreiben. Es ist nämlich einfacher, in der engen Gruppe ein Schaf heraus zu fangen, weil es sich dort nicht schnell bewegen kann. Die Schwierigkeit wiederum besteht dann für mich darin, auch wirklich das richtige Tier aus diesem Knäuel von ähnlich aussehenden Leibern zu erwischen. Hab ich es, wird das Schaf in eine Art aufrechten Sitz gedreht, da hält es dann ganz still. Dieser Handgriff ist mittlerweile eingeübt und funktioniert schnell und routiniert. Mit dem Taschenmesser kann ich die Klaue säubern und ausschneiden und mir so einen Überblick verschaffen. Manchmal finde ich auch einen drückenden Abszess, der sich durch eine kleine unentdeckte Wunde gebildet hat. So einen kann ich ebenfalls unkompliziert selber versorgen, indem ich ihn öffne, ausdrücke und mit Desinfektionsmittel behandle. Das sind alltägliche Kleinigkeiten und nach einer Woche ist's vergessen. Genauso, wenn sich ein Tier schlicht mal vertreten hat im unwegsamen Gelände: Dann kann ich nur genau beobachten, ob sich alles innerhalb weniger Tage wieder normalisiert. Und meist ist das zum Glück auch der Fall.

Meiner Erfahrung nach heilen die meisten kleinen Blessuren sowieso am besten direkt draußen auf der Weide. Da ist es sauber, luftig und frisch. Im Stall hingegen lauern im Mist viele Keime. Von Verbänden halte ich ebenfalls wenig: Sie verrutschen, nässen durch und bringen so oft eher den gegenteiligen Effekt. Den Tierarzt muss ich dann holen, wenn es größere Verletzungen zu behandeln gibt, zum Beispiel wenn sich Tiere an scharfen Kanten, Scherben, verrosteten Blechdosen oder Ähnlichem schneiden, sich anderweitig tiefere Wunden zuziehen oder nach Angriffen von fremden Hunden. All das geschieht zum Glück nur relativ selten.

Auch wenn sich plötzlich mehrere Tiere gleichzeitig seltsam verhalten, muss ich unverzüglich tierärztlichen Rat einholen.

Da schrillen sogleich die Alarmglocken: Es gibt nämlich viele, teils ansteckende Krankheiten, die mehrere Tiere im Bestand befallen und sich rasend schnell ausbreiten können. Davor graut mir. Hier zählen manchmal tatsächlich wenige Stunden, in denen man »richtig« handeln muss. Kokzidien beispielsweise sind Parasiten, die im schlimmsten Fall die Darmschleimhaut von Ziegenkitzen vollkommen zerstören können. Oder aber der so genannte »Lippengrind«, eine Viruserkrankung, die vor allem bei Lämmern schnell ein größeres Problem darstellen kann. Manchmal sind es auch einfach »nur« Verdauungsprobleme der Schafe, weil sie zu viel »falsches« Futter aufgenommen haben, die jedoch behandelt werden müssen. Richtig Angst habe ich vor der »Moderhinke«, einer bakteriellen Erkrankung der Klauen. Sie ist hochansteckend und nimmt häufig einen sehr schweren Verlauf, verbunden mit hochgradigen Schmerzen für die betroffenen Tiere. Wir hatten sie zum Glück erst einmal im Bestand und das war schrecklich. Den Gestank von Fäulnis und Eiter vergisst man nie mehr. So lange diese Seuche nicht auftritt, ist für mich alles andere ehrlich gesagt nur halb so schlimm.

Darum nehme ich auch den Mehraufwand für die Versorgung mancher »spezieller Patienten« gerne auf mich. So habe ich beispielsweise eine Schafdame, deren Klauen viel stärker wachsen als die der anderen Schafe. Da muss ich dann zuverlässig alle vier Wochen ran und nachschneiden. Genauso habe ich ein paar ältere Semester in der Herde, die nicht mehr weit wandern mögen und die ich darum von vorne herein mit dem Hänger herum kutschiere. Bei den Ziegen steht zudem regelmäßig die Kontrolle der Hörner und der Halsbänder mit den Glocken an.

Neben meinen alltäglichen kleineren Aufgaben als Krankenschwester, Pflegerin und nötigenfalls auch mal Tierärztin benötige ich zwei Mal im Jahr dann zusätzlich die Hilfe und Unterstützung meines »Pflegetrupps«. Ich würde es nämlich niemals alleine schaffen, allen hundert Mutterschafen und zusätzlich noch den Ziegen an einem Tag die Klauen zu kontrollieren, sauber zu machen und schließlich noch zurechtzuschneiden. Und genau das soll jetzt im Herbst gemacht werden, damit alle Tiere möglichst gepflegt in den Winter gehen.

Dieser »Trupp« besteht aus erfahrenen Schäfern, die sich auf die regelmäßig notwendige Pflege von Schafen und Ziegen spezialisiert haben. Sie unterstützen größere Betriebe, ältere Schafhalter und auch Frauen wie mich; eben jeden, der alleine die nötigen Maßnahmen an seinen Tieren nicht ordentlich durchführen kann. Jetzt im Spätherbst werden im Rahmen unserer »Pflegeaktion« auch gleich noch die Ohrmarken kontrolliert: Alle Tiere müssen zwei Marken im Ohr tragen, das ist Pflicht in der EU. Hat also ein Tier eine Marke verloren, muss eine neue eingestochen werden. Zum Schluss gibt's noch eine Wurmkur. Es ist für die Schafe nämlich gesünder, weitestgehend wurmarm in den Winter zu gehen. Darum ist jetzt ein guter Zeitpunkt dafür.

Nach solchen »Pflegetagen« bin ich immer wie ausgeknockt, da will ich abends nur noch schlafen. Aber ich bin auch erleichtert, denn gesunde und gepflegte Tiere sind das Wichtigste und eines jeden Schäfers größter Stolz. Bereits am nächsten Tag bin ich daher wieder voller Tatendrang am Stall und nutze die Gelegenheit, dem ein oder anderen Schwarznasenschaf bei Bedarf das verschmutze Hinterteil auszuscheren. Wenn ich sie schon mal hier habe, kann ich diese zusätzliche Pflegemaßnahme gut nach und nach alleine durchführen, bevor es dann wieder losgeht Richtung Winterweide.

Dort wird die Pflege meiner Schafe natürlich nicht enden, denn vor allem im Winter, wenn die Wiesen nass sind und die Grasnarbe nicht dicht ist, vermischt sich feuchte Erde mit Gras und sammelt sich mit Vorliebe im Klauenspalt der Tiere an. Dort wird sie hart wie Stein. Ich werde also auch weiterhin ständig den Gesundheitszustand und vor allem die Klauen meiner Tiere draußen auf der Weide überprüfen und sie gegebenenfalls von den lästigen Matschklumpen befreien.

4 Personen
Zubereitungszeit: ca. 30 - 40 Minuten
zusätzliche Schmorzeit: 1,5 Stunden

Zutaten:
1 Lammschulter (ohne Knochen)
1 Handvoll Walnusskerne, gehackt
etwas Öl
2 Zwiebeln
1 Knoblauchzehe
1 fingerdickes Stück Ingwer
1 EL Tomatenmark
1 TL Paprikapulver edelsüß
1 Messerspitze Kreuzkümmel, gemahlen
$\frac{1}{8}$ l Weißwein
$\frac{1}{2}$ l Gemüsebrühe
1 kleine Quitte
Braten- oder Spargelfaden

Zutaten Beilagen:
250 g Couscous
250 ml Gemüsebrühe
1 Zwiebel
1 Möhre
1 fingerlanges Stück Lauch
1 Selleriestange
Salz, Pfeffer, gemahlen
ca. 600 - 800 g Wilder Brokkoli

# Lamm mit Quitten, Couscous und Brokkoli

Zuerst brate ich eine klein geschnittene Zwiebel in etwas Öl an und belege dann das flach ausgelegte Fleisch damit und mit den Nusskernen. Anschließend wird es aufgerollt und mit dem Faden als Rollbraten verschnürt. Der wird im Schmortopf kräftig von allen Seiten angebraten, bevor die andere kleingeschnittene Zwiebel sowie der fein gehackte Knoblauch und Ingwer dazu kommen. Das Tomatenmark schwitze ich kurz mit an und dann kommen auch die Gewürze hinzu, genauso Wein und Brühe. Anschließend muss der Braten circa 1,5 Stunden bei circa 170 °C schmoren. 10 Minuten vor Ende der Garzeit wird die in Schnitze geschnittene Quitte mit in die Soße gelegt, bis sie weich ist; sie soll jedoch nicht verkochen. Wichtig bei der Quitte ist, das harte Kerngehäuse beim Schneiden gründlich zu entfernen, geschält werden muss sie nicht.
Den Couscous zwischen 3 und 5 Minuten in der vorher aufgekochten noch heißen Brühe quellen lassen. Währenddessen schneide ich das Gemüse ganz fein und dünste es kurz in etwas Öl an. Anschließend rühre ich alles zusammen und würze den Gemüsecouscous nach Geschmack.
Der Brokkoli wird in siedendem Wasser bissfest gekocht und anschließend kurz mit eiskaltem Wasser abgeschreckt, so behält er seine Farbe und Knackigkeit.

2 Personen
Zubereitungszeit: ca. 30 Minuten
zusätzliche Schmorzeit: 2 - 2,5 Stunden

Zutaten:
1 Ziegenkeule
Olivenöl
500 g Gemüse wie Staudensellerie und Möhren
1 Zwiebel
6 Knoblauchzehen
100 g getrocknete Tomaten in Öl
1 EL Tomatenmark
200 ml trockener Rotwein
400 ml Gemüsefond
3 frische Rosmarinzweige
Salz, Pfeffer, gemahlen
1 - 2 EL Speisestärke für die Sauce

Zutaten Beilagen:
4 - 6 Kartoffeln, vorwiegend fest kochende
Rosmarin, Thymian, gehackt
1 - 2 Handvoll bunte Möhren mit Grün

# Zickleinkeule mit Fächerkartoffeln und bunten Möhren

Das Gemüse, die Zwiebel und Knoblauchzehen schneide ich klein, während die Ziegenkeule im heißen Öl rundherum scharf anbrät. Dann nehme ich sie kurz aus dem Bräter, um dort das Gemüse zusammen mit dem Tomatenmark und den Tomaten anzudünsten. Anschließend lösche ich mit dem Rotwein und dem Gemüsefond ab. Dann kommt auch die Keule wieder dazu, wird mit Salz und Pfeffer kräftig gewürzt und mit den Rosmarinzweigen belegt. Sie braucht nun circa 2 - 2,5 Stunden Schmorzeit im Backofen bei ungefähr 170 °C und ist fertig, wenn sich das Fleisch ganz leicht vom Knochen lösen lässt.
Aus den restlichen Zutaten im Bräter kann später mit Hilfe der Speisestärke noch eine leckere Sauce bereitet und die Keule darin angerichtet werden. In der Zwischenzeit schneide ich die ganzen Kartoffeln (je nach Geschmack mit oder ohne Schale) möglichst häufig fächerartig ein. Danach bestreiche ich sie vorsichtig mit Öl und würze sie, bevor sie für ca. eine Stunde auf einem mit Backpapier ausgelegten Blech im Ofen mit backen.
Zum Schluss werden die Möhren gewaschen, das Grün nur gekappt und im Ganzen in etwas Öl und Wasser bissfest gekocht. Vor dem Anrichten bestreue ich sie lediglich mit ein wenig Salz.

Extra-Tipp

# Quittensaft herstellen

Reife Quitten duften schon von weitem. Neben der Verwendung in der Küche für leckere Gerichte eignen sie sich auch fabelhaft zum Entsaften. Quittensaft besitzt ein herbes fruchtiges Aroma und schmeckt wirklich lecker. Außerdem enthalten Quitten neben reichlich Vitaminen auch Mineralstoffe wie Kalium, Eisen und Zink und sind damit sehr gesund. Sie zu entsaften ist zwar etwas mühselig, es lohnt sich aber.

Ich wasche die Quitten, dann muss der Flaum außen auf der Schale gründlich abgebürstet werden; er würde nämlich den späteren Geschmack des Saftes negativ beeinflussen. Auch Stiele und Blätter entferne ich, soweit noch vorhanden. Dann werden die Früchte in Stücke geschnitten und in meinen Dampfentsafter gegeben.

Jedes Gerät funktioniert etwas anders; es empfiehlt sich nach der entsprechenden Anleitung vorzugehen. In der Regel braucht es noch eine vorgegebene Menge Wasser, bevor alles gründlich verschlossen und der Vorgang gestartet wird. Durch das Erhitzen im Entsafter platzen die Quitten auf und geben ihren Saft ab. Der Prozess dauert zwischen 60 und 90 Minuten. Der heiße Saft muss dann sofort in ausgekochte Twist-Off-Flaschen abgefüllt und der Verschluss fest zugedreht werden. Abkühlen lassen und dunkel lagern.

»Quittensaft lässt sich übrigens auch wunderbar zu leckerem Quittengelee weiterverarbeiten!«

Ziegenkinder und Schafpaten

# DEZEMBER

# Winterpause für die Ziegen

Die Ziegen haben es eilig auf unserem Nachhauseweg. Sie wissen genau, wohin es geht und je näher wir dem Stall kommen, desto flotter laufen sie vorwärts. Unsere Weideaufträge sind erfüllt, die Arbeit ist erledigt und ich freue mich auf die etwas entspanntere Stallzeit, die nun vor uns liegt: Ich werde nicht mehr in ständiger Sorge sein, ob die Ziegen vielleicht ausbrechen; die ganze Arbeit der täglichen Weidenkontrolle fällt weg. Es ist ein schöner Moment, schließlich auch mit den Ziegen am Stall anzukommen.

Die vergangenen Wochen verbrachten sie auf einer nahe gelegenen Waldweide, wo sie unter alten Eichen noch Unmengen an herabgefallenen Eicheln auffressen durften und sich so ein wenig Winterspeck zugelegt haben. Auch gibt es einige Birnbäume dort, deren Fallobst jedes Jahr bis weit in den Winter hinein noch am Boden liegt und nur darauf wartet, von den Ziegen verwertet zu werden. Es ist unsere letzte Anlaufstelle im Jahr, weil die Tiere neben genügend Futter auch reichlich Schutz finden vor nasskaltem Vorweihnachtswetter. Mit ungefähr zwei Kilometern ist es von dort aus dann ein vergleichsweise kurzer Weg zum heimatlichen Stall. Es ist die letzte Wanderung für dieses Jahr und ich bin froh, dass wir die Weidesaison alle gesund und munter, ohne Un- oder gar Todesfälle, überstanden haben. Nur einmal ist die Herde ausgebrochen, wahrscheinlich weil eine der Geißen mit dem Horn im Zaun hängen geblieben, in Panik geraten und den Zaun schließlich niedergerissen hat. Es ist aber zum Glück nichts weiter passiert und im Großen und Ganzen bin ich sehr stolz auf meine Ziegen, weil sie so brav sind. Aus eigener Erfahrung weiß ich, dass dies nicht selbstverständlich ist. Wir jedoch sind ein eingespieltes Team: Meine Ziegen lassen sich von mir rufen und führen, ich kann sie bei Bedarf in den Hänger verladen und sie nutzen auch nicht jede Gelegenheit, um auszubrechen und über alle Berge zu verschwinden …

Die Böcke werden uns trotzdem nicht in den Stall begleiten. Sie würden dort einfach zu viel Unruhe in die Gruppe bringen. In den beengten Verhältnissen, wo sie sich nicht aus dem Weg gehen können, wären außerdem Rangkämpfe an der Tagesordnung und damit die Gefahr von Verletzungen viel zu groß. Deshalb beziehen sie nun ihr Winterquartier im Nachbarort: Eine kleine Stallhütte mit Freigehege wird ihr Zuhause für die nächsten Monate sein. Sie sind völlig entspannt, wenn sie den Winter ohne die Ziegendamen verbringen. So herrscht Ruhe zwischen ihnen und sie werden sogar richtig gute Kumpels.

Für die Geißen gibt es im Stall nun den ersten Ballen wohlschmeckende Heulage aus der großen Futterraufe. Es ist für mich immer wieder ein spannender Moment voller Hoffnung, den ersten Ballen zu öffnen: Kommt er in einwandfreiem Zustand zu Tage? Oder gibt es ein Problem?

Patenschaften
Schäferei erleben
Ausgezeichnetes Projekt
UN-Dekade Biologische Vielfalt
2020
leben.natur.vielfalt

Schließlich waren wir mit der Futterbereitung einige Wochen lang beschäftigt; nun beispielsweise Schimmel zu entdecken, wäre fatal. Darum kann ich es kaum erwarten, die Folie aufzuschneiden und zu sehen, ob bei der Futterbereitung alles richtig gemacht wurde. Erleichterung kommt in mir auf, wenn ich den idealerweise süßen bis leicht süß-säuerlichen Geruch wahrnehme und auch die heuähnliche Optik stimmt.

Die Ziegen im Stall werden ab jetzt immer einen Rundballen Heulage zur freien Verfügung haben. Der reicht ungefähr für drei bis vier Tage. Sie bekommen ihn in einer speziellen sehr hohen Raufe vorgesetzt, in die sie nicht hineinspringen und das ganze Futter verwüsten können. Sie müssen sich ziemlich anstrengen, um die Blätter und Stängel herauszupfen zu können. Mir ist das aber Recht, so haben sie eine Beschäftigung und ihnen wird nicht so schnell langweilig. Zusätzlich gibt es jeden Tag noch eine Mischung aus Trester, Äpfeln und verschiedenen Getreidesorten, dazu etwas Mais und Erbsen. Dieses Futter gebe ich aus einer ebenfalls speziellen anderen Raufe, die nur zum Fressen aufgemacht und anschließend wieder verschlossen werden kann. Die Ziegen sollen nämlich auch hier nicht hinein klettern. Sie würden alles verkoten und das wäre für ihre Gesundheit nicht förderlich, wenn sie anschließend wieder daraus fressen würden. Zur Abwechslung und Beschäftigung hole ich vom nahegelegenen Häckselplatz zusätzlich immer mal wieder auch Tannengrün oder sogar ganze Tannenbäume zum Abknabbern und Spielen.

Was mich jeden Winter aufs Neue beeindruckt und auch zum Schmunzeln bringt, ist die Tatsache, dass jede der Ziegen auf Anhieb wieder »ihren« Platz besetzt im Stall – obwohl sie ja seit April nicht mehr hier waren. Die Platzverteilung innerhalb der Herde ist tatsächlich jedes Jahr nahezu gleich, die Gruppe sortiert sich ohne Aufhebens ganz von selbst und jede Ziege findet sofort wieder ihren persönlichen Lieblingsplatz.

Nach ein paar Tagen Eingewöhnung steht dann auch hier – genau wie vorher schon bei den Schafen – ein »Pflegetag« an: Mit möglichst zwei Hilfspersonen werden die Klauen der Ziegen geschnitten und ein Wurmmittel eingegeben. Auch entferne ich alle noch im Fell hängenden Kletten, Disteln und Dornenästchen. Meistens muss ich dafür die Schermaschine verwenden, aber anders geht es leider nicht, die Verfilzungen müssen weg. Ich versuche natürlich, nur die Stellen zu scheren, die es auch nötig haben, denn meine Tiere sollen anschließend ja nicht frieren. Ich bin immer bestrebt, vorsichtig mit ihnen umzugehen, jedoch trotzdem alle jetzt noch notwendigen Pflegemaßnahmen gewissenhaft durch zu führen: Schließlich sind die meisten Ziegen hochtragend, dick und rund. Vor allem bei den Burenziegen wird es bald so weit sein und die ersten Zicklein kommen zur Welt.

Ich lege es so, dass meine Ziegen ihre Kitze ausschließlich im Stall bekommen und nicht irgendwo draußen auf den großen Weiden oder gar in den Steilhängen. Ich würde die neugeborenen Zicklein dort niemals finden. Alle Ziegen, vor allem jedoch die Schwarzhalsziegen, sind in dieser Hinsicht ziemlich ursprünglich – ähnlich vielleicht wie Rehe und Gämsen: Sie »verstecken« ihre Kitze und das Kleine bleibt dann reglos liegen und gibt keinen Laut von sich, bis seine Mutter wieder kommt und es »abholt«. Ich musste einmal im Steinbruch nach einem neugeborenen Kitz suchen und es dauerte lange und war eine gefährliche Kletterpartie, bis ich es endlich unter einem alten Holzstamm fand …

Seither lasse ich die Böcke so in die Herde, dass die Ziegendamen dann alle während der Stallzeit lammen. Bis wir im April den Stall wieder verlassen werden, sind die Kitze schon so groß, dass sie ohne Probleme in der Herde mitlaufen können. Für mich hat sich dieser Rhythmus bewährt und als die idealste Lösung herausgestellt.

Irgendwann vor Weihnachten ist es dann so weit und das erste Zicklein erblickt das Licht der Welt. Neu geborene Burenziegen sind zwar sehr putzig, erst mal jedoch machen sie ein fürchterliches Geschrei; man kann sie quasi nicht überhören. Sobald die Kleinen ausreichend an Mutters Euter saufen konnten und danach satt und zufrieden sind, hört zum Glück auch das Geschrei wieder auf. Die Mutter mit ihrem Kind kommt für ein paar Tage in einen extra Pferch, nur zur Vorsicht. Manche der Ziegen sind nämlich sehr reizbar und angriffslustig während und nach der Geburt. Sie gehen dann auch auf ihre Artgenossinnen los, die ja im Stall wiederum nicht gut ausweichen können. Deshalb versuche ich, jede Geburt vorauszusehen und die Ziegenmutter rechtzeitig von den anderen abzutrennen. Manchmal darf sogar ich erst mal nicht so ohne Weiteres an das Kitz. Glücklicherweise bin ich im Umgang mit Ziegen inzwischen listenreich und so lenkt eine Schüssel leckeres Futter die Mutter ab, während ich das Neugeborene untersuche und den Nabel desinfiziere.

Die Schwarzhalsziegen lammen meist erst etwas später, das ist für mich durchaus gut: So reicht der Platz für alle aus. Die ersten sind schon »aus dem Gröbsten raus«, bevor die letzten geboren werden … Eine schöne Zeit ist das, voller neuem Leben. Es macht mich glücklich und stolz, wenn viele gesunde Kitze das Licht der Welt erblicken und nach einigen Wochen ein ganzer Trupp von Ziegenkindern im Stall herum tollt, die Kleinen miteinander spielen und neugierig die Welt entdecken wollen.

# Vorweihnachtlicher Patenbesuch

Manche Tage in der Vorweihnachtszeit sind »besondere Tage«. Nämlich dann, wenn die Schafpaten zu Besuch in den Stall kommen. An solchen Tagen treten meine alltäglichen Sorgen und die viele anstrengende Arbeit in den Hintergrund: Der Bauwagen neben dem Stall wird schon am späten Vormittag eingeheizt – zum Aufwärmen für verfrorene Besucher, nachdem sie im Stall bei »ihren« Tieren waren. In gemütlicher Runde wird darin heißer Tee und Gebäck gereicht und sich unterhalten. Dabei sitzen wir auf den eigenen Fellen, so dass es uns auf der Bank nicht kalt wird. Die Lammfelle sind alle von meinen eigenen Schafen. Sie wurden nach dem Schlachten gesalzen und bald darauf zum Gerben in den Schwarzwald gefahren. Dort werden Felle unter hohen Umweltauflagen, ohne Belastung der Natur und Ausbeutung von Arbeitern, gegerbt. Die Felle sind anschließend von sehr hoher Qualität, ein heimisches Produkt aus Baden-Württemberg und keine »Billigware« aus fernen Ländern. Dort wird nämlich leider durch fehlende Bestimmungen im Umgang mit Chemikalien, die bei der Gerberei verwendet werden, nicht nur die Natur belastet, sondern Menschen müssen unter widrigsten gesundheitsschädlichen Umständen eine auch noch schlecht bezahlte Arbeit tun.

So etwas möchte ich nicht. Es soll sich mit den Fellen der Schafe vielmehr der Kreislauf meines ganzheitlichen Denkens vom Nutzen der Tiere zur Weidepflege und als Fleisch- und Wolllieferant schließen: Möglichst alles vom Schaf soll genutzt und sinnvoll verwendet werden. Im Grunde gibt es kein so genanntes »Abfallnebenprodukt«. Davon bin ich jedenfalls überzeugt. Die schönsten Felle verkaufe ich auf den Märkten, zu dieser Jahreszeit vor allem natürlich auf dem örtlichen Weihnachtsmarkt. Auf den nicht ganz so hübschen Exemplaren sitze ich mit meinen Freunden und der Familie – und natürlich mit den Paten meiner Schafe im Bauwagen.

An »Paten-Tagen« nehme ich mir Zeit: Nicht nur, um ins Gespräch zu kommen und alle möglichen Fragen zu beantworten. Vor allem soll es meinen Besuchern möglich sein, den Ziegen und Schafen mit den ersten Lämmern und Kitzen mal ganz nah zu kommen. Es wird vor allem beobachtet, in aller Ruhe, und wer möchte, der kann noch beim Füttern helfen. Manche der Tiere lassen sich auch ausgiebig streicheln – was natürlich vor allem bei den Kindern Begeisterung auslöst.

Das Interesse an der Schäferei ist in der Bevölkerung erfreulicherweise doch recht groß und ich bin der Meinung, dass man mit der Weitergabe von Informationen und der Aufklärung über diesen uralten Beruf viel bewirken kann. So tat es mir früher immer in der Seele weh, wenn ich »zwischen Tür und Angel« für interessierte Menschen nicht immer die notwendige Zeit hatte, Fragen zu beantworten, sie durch den Stall zu führen, ihnen die Tiere zu zeigen, und so weiter.

Auch kamen immer mal wieder Anfragen von Leuten, die mir im Stall helfen oder mit auf Wanderschaft gehen wollten … Manchmal zu günstigen, oft jedoch leider zu ziemlich ungünstigen Zeitpunkten. Eines dürren Sommers, der zweite Heuschnitt fiel in unserer Region komplett aus, kam dann noch die Not hinzu: Bereits im Spätherbst gab es fast nichts mehr zu fressen für die Tiere und ich wusste nicht, wie ich sie über den Winter bringen sollte. Schließlich habe ich in meinem Dilemma für teuer Geld aus Holland einen LKW voll Futter kommen lassen. Solche nicht einkalkulierten horrenden Ausgaben können für unsereins ganz schnell den Ruin bedeuten. Zu dieser Zeit kam eine gute Freundin glücklicherweise auf die Idee, Schafpatenschaften anzubieten und so zwei Fliegen mit einer Klappe zu schlagen: Der Austausch mit interessierten Leuten und eine zusätzliche Einnahmequelle für unseren Betrieb.

Es sollten sich ab da also regelmäßig die Stalltüren öffnen und alle Unterstützer – vom Kleinkind bis zur Uroma – sollten die Gelegenheit bekommen, an Auskünfte über die Schäferei zu gelangen, Fragen zu stellen und vor allem diesen Beruf hautnah miterleben zu dürfen. Und gleichzeitig würden mich diese Leute »ganz offiziell« mit einem jährlichen kleinen Obolus unterstützen. Ich erinnere mich noch gut daran, dass vom ersten Patengeld der Schafbock Ole angeschafft wurde. Bei einem gemeinsamen Mittagessen durften die Paten über seinen Namen abstimmen. Es standen drei zur Auswahl und alle hatten eine Menge Spaß.

Mittlerweile gibt es übers Jahr verteilt mehrere feste Termine für die Schafpaten: Während des Winters wird beispielsweise einmal monatlich zum Füttern in den Stall eingeladen. Im Frühjahr gibt es dann immer eine kleine Wanderung, entwe-

der zu den Schafen ins Naturschutzgebiet oder zu den Ziegen in die Steilhänge. An unserem Tag der offenen Tür sind selbstverständlich Tische für die Paten reserviert und jeder von ihnen, der möchte, darf eine Holzscheibe gestalten und sich damit bei mir an der Stalltür »verewigen«. In der Zwischenzeit hängen da schon richtig viele und ich freue mich über jede einzelne – steht doch hinter jeder eine eigene ganz besondere Geschichte.

Ich versuche, die Paten meiner Schafe regelmäßig auch mittels Rundbriefen auf dem Laufenden zu halten. Die »Patenpost« kommt gut an und gibt mir die Möglichkeit, die Leute geballt immer auf dem Laufenden zu halten. Auch einen Flyer mit allen Infos zu den Schafpatenschaften gibt es inzwischen und ich stelle an meinen wechselnden Weiden ein Schild mit allen wichtigen Eckpunkten dazu auf. So verbreitet sich diese Idee immer weiter – Patenschaften werden inzwischen sogar häufig verschenkt. Und ich bin begeistert und dankbar für die Unterstützung, die mir so zuteilwird: Ich kann es mir nun beispielsweise jedes Jahr leisten, zusätzliches Futter für die Tiere im Winter zu kaufen und auch in »Notzeiten« muss ich keine Angst haben, sogleich bankrott zu gehen. Die Paten sind eine starke Gemeinschaft, die nicht nur die heimische Schäferei unterstützt, sondern auch den Erhalt der Artenvielfalt, für den ich mich einsetze.

Bei unseren vorweihnachtlichen Treffen rückt der Kreis meiner Unterstützer und ich näher zusammen und das ist einfach schön: Fernab von jedem Konsumstress, der jetzt vor Weihnachten überall herrscht, können wir gemeinsam die Stallatmosphäre genießen und – umhüllt vom Geruch nach Schafen und Ziegen – einfach mal abschalten. Es ist ziemlich

entspannend, den Schafen beim Wiederkäuen zu zuschauen. Sie kennen nämlich keinen Vorweihnachtsstress. Für sie zählt nur »fressen, wiederkauen, satt sein«. Und diese Botschaft ist auch für mich eine gute Erinnerung daran, dass ich es jetzt mal ein wenig ruhiger angehen lassen kann. Am Abend, wenn ich wieder alleine mit meinen Tieren bin, setze ich mich darum noch mal ganz ruhig in den Stall, die Hunde zu meinen Füßen, und lasse die Gedanken schweifen … Ich denke daran, wie es früher, vor hunderten von Jahren, den Hirten wohl ergangen ist … Den Hirtenkindern, die draußen alleine die Schafe und Ziegen hüten mussten. Unzählige Geschichten handeln von solchen Kindern. Barfuß und mit schlechter Kleidung waren sie bei jedem Wetter draußen unterwegs, um auf die Tiere der Bauern aufzupassen. Wehe, es verschwanden dabei Schafe oder Ziegen, dann gab es daheim auch noch Schläge zur Strafe. Ein Leben, das man sich heute gar nicht mehr vorstellen kann. Und doch haben wir »modernen« Schäfer immer noch eines mit den Hirten von früher gemein: Wir sind immer für die Tiere da. Egal an welchem Tag, auch jetzt zur Weihnachtszeit und selbst am Heiligen Abend und an den Feiertagen: Die Stallarbeit am Morgen, danach der Besuch meiner Tiere auf der Winterweide und am Abend wieder die Stallarbeit – diese Aufgaben wollen täglich erledigt werden.

Jeder Tag meines Lebens wird also bestimmt von den Tieren. Jedoch auch noch nach vielen Jahren erfüllt mich das mit unbeschreiblichem Glück. Und dass ich meine Arbeit gut mache, sehe ich daran, dass es meinen Tieren gut geht. Ein schönes Resümee zum Jahresende.

2 Personen
Zubereitungszeit: ca. 1 Stunde
zusätzliche Garzeit: ca. 10 Minuten

Zutaten:
1 Lammrücken, pro Person ca. 150 g
1 Stange Lauch
1 kleine Zwiebel
frische Kräuter, nach Geschmack
Salz, Pfeffer, gemahlen
etwas Öl

Zutaten Beilagen:
300 g Kartoffeln, mehlig kochende
2 Schalotten, feingeschnitten
1 Eigelb
2 EL Petersilie, fein gehackt
Salz, Pfeffer, Muskat, gemahlen
Rapsöl zum Braten
1 Chicoree
1 kleine Tasse gekochte Linsen
1 kleiner Apfel, fein geschnitten
einige angebratene Champignons zum Garnieren

# Lammrücken im Lauchmantel mit Kartoffelplätzchen und Chicoreesalat

Zuerst schneide ich vom Lauch das Grün in Größe des Lammrückens zurecht. Anschließend blanchiere ich es und breite es dann auf der Arbeitsplatte aus. Die geschälte und fein geschnittene Zwiebel dünste ich an und gebe die gehackten frischen Kräuter dazu. Diese Mischung stelle ich beiseite, um in der Pfanne auch den Lammrücken von beiden Seiten kräftig anzubraten. Dieser wird anschließend gewürzt und mit der Zwiebel-Kräuter-Mischung belegt. Dann umwickle ich ihn vorsichtig mit dem Lauchgrün und gare ihn im vorgeheizten Backofen bei circa 180 °C für ungefähr 10 Minuten fertig.
Für die Kartoffelplätzchen werden die Kartoffeln weichgekocht und anschließend durch die Kartoffelpresse gedrückt. Die Schalotten brate ich an und gebe sie dann zu der Kartoffelmasse. Dazu kommen noch Petersilie, das Eigelb und Gewürze. Alles wird gründlich vermischt, bevor ich kleine »Plätzchen« forme, die ich sogleich in heißem Rapsöl knusprig ausbrate.
Der fertige Lammrücken wird in Scheiben geschnitten und gemeinsam mit den Kartoffelplätzchen auf einem warmen Teller serviert. Dazu gibt's einen Salat aus Chicoree, gekochten Linsen, Apfelstücken und gebratenen Champignons mit einem Dressing aus weißem Balsamessig, Walnussöl, Salz und Pfeffer.

3 - 4 Personen - je nach Hunger
Zubereitungszeit: ca. 1 Stunde

Zutaten:
1 Rolle Nudelteig aus der Kühltheke
1 Eigelb
2 große Kartoffeln, mehlig kochende
100 g Ziegenfrischkäse
1 Bund Schnittlauch, fein geschnitten
1 kleine Schalotte
etwas Öl
Pfeffer, Salz, gemahlen
feine Blättchen verschiedener Wintersalate
100 g Ziegenschinken, hauchdünn geschnitten
etwas ausgelassene Butter
etwas geriebener Hartkäse

# »Maultäschle« mit Ziegenfrischkäse an Wintersalaten und hauchzartem Ziegenschinken

Die geschälten und in Würfel geschnittene Kartoffeln koche ich weich, drücke sie anschließend durch die Kartoffelpresse und lasse die Masse etwas abkühlen. Der Nudelteig wird ausgerollt und in zwei gleich große Teile zerschnitten, beide Teile werden einseitig mit dem verquirlten Eigelb bestrichen. Unter die Kartoffelmasse rühre ich den Frischkäse und gebe die kleingeschnittene angedünstete Schalotte sowie nahezu den kompletten Schnittlauch dazu. Die Mischung wird gründlich miteinander verrührt und gewürzt.
Ich verteile dann auf dem einen Stück Nudelteig gleich große Häufchen der Füllung und lege anschließend vorsichtig das andere Stück oben auf. Die mit dem Eigelb bestrichenen Seiten liegen dabei innen. Vorsichtig werden die beiden Teigstücke zusammen gedrückt. Dann trenne ich die einzelnen »Täschle« mit einer Gabel oder dem so genannten »Teigrädchen« voneinander ab und verschließe sie an den Rändern durch festen Druck.
Portionsweise dürfen die »Maultäschle« für circa 10 Minuten in nicht mehr kochendem Salzwasser gar ziehen. Mit dem Schaumlöffel hebe ich sie aus dem Wasser und richte sie direkt auf dem Teller mit etwas zerlassener Butter und dem restlichen Schnittlauch an. Darauf wird der Schinken verteilt und wer mag, der reibt noch etwas Hartkäse darüber.
Dazu gibt's Salat mit einem Dressing aus Olivenöl, weißem Balsamessig, Kräutersalz, Pfeffer, Kräutern und gehackten Walnusskernen.

Extra-Tipp

# »Apfeltraum«

Nicht nur zur Weihnachtszeit verwöhne ich meine Familie und Freunde gerne mit meinem ganz persönlichen »Apfeltraum«. Dieses Dessert geht ganz einfach, schmeckt super und sieht auch noch toll aus.

Für 4 Personen verwende ich 2 rotschalige Äpfel von der Streuobstwiese oder dem Wochenmarkt. Die Kerngehäuse werden entfernt, den Rest schneide ich mit samt Schale in kleine appetitliche Würfel.

Zusammen mit etwas Zucker, ein wenig Wasser, einer Prise Zimt und nach Geschmack einem Schuss Calvados werden die Apfelwürfel weich gekocht. Sie sollen jedoch nicht zerfallen. Anschließend teile ich sie auf 4 Dessert-Gläschen auf, belege sie mit Amaretti (italienischen Makronen) und karamellisierten Walnusskernen und lasse das Ganze abkühlen.

200 Gramm Sahnequark und 100 Gramm Vollmilchjoghurt verrühre ich zwischenzeitlich mit einer Prise Zucker und etwas Vanillezucker sowie dem Saft $^{1}/_{2}$ Zitrone. Die Creme fülle ich dann oben drauf in die Gläschen und stelle das Ganze möglichst für mehrere Stunden kalt. Direkt vor dem Servieren wird das Dessert nach Belieben noch mit Schokoraspeln, Walnusskernen und Apfelschnitzen garniert.

»Auf jeden Fall rotschalige Äpfel verwenden und diese auf keinen Fall schälen – durch die rote Schale bekommt das Dessert seine wunderbar rosa Farbe!«

# Gedanken rund um die Schäferei …

Viele Arbeitsbereiche in der Schäferei haben sich seit hunderten von Jahren kaum verändert: Auch heute noch ist man in diesem Beruf weitestgehend abhängig vom natürlichen Jahresverlauf und dem Wetter. Die Schafe fressen, genau wie in früheren Zeiten, Gras, Wiesenblumen und Kräuter. Daher benötigen wir Schäfer für unsere Tiere auch immer noch genügend Gebiete, die abgeweidet werden dürfen. Ebenso muss es ausreichend Flächen geben, auf denen wir unser Winterfutter bereiten können. Diese Dreh- und Angelpunkte sind über viele Jahrhunderte hinweg gleich geblieben. Die Arbeit ist heute nahezu so ursprünglich wie anno dazumal. Hat sich die Landwirtschaft andernorts weitestgehend industrialisiert, ist dieser Schritt an vielen Schäfereien vorbei gegangen. Leider betrifft das oftmals auch unsere Bezahlung, externe Unterstützung und andere berufliche »Sicherheiten« … Dadurch hat sich in den letzten Jahren mehr und mehr die Frage aufgetan: Ist der Beruf des Schäfers unter aktuellen Bedingungen überhaupt zukunftsfähig?

Denn so ein ärmliches Leben, wie es die Hirten früher führten, können und wollen wir heute nicht mehr leben. Wie jeder andere Mensch auch wünschen wir uns eine vernünftige Existenzgrundlage. Vor allem junge Menschen brauchen finanzielle Perspektiven. Ohne die ist für sie der Schäferberuf jedoch verständlicherweise völlig unattraktiv. Vor allem wenn man bedenkt, dass es neben der geringen Bezahlung eine riesige Verantwortung für Tier und Natur zu tragen gilt, kein geregelter Urlaub festgeschrieben werden kann und es aktuell im Alter eine Rente gibt, von der niemand leben kann. Mich wundert es nicht, dass diesen Beruf kaum mehr jemand erlernen und dann auch zeitlebens ausüben möchte. Das gilt es zu ändern!

Tatsache ist: Als Schäfer führt man auch heutzutage noch ein entbehrungsreiches Leben, das aktuell leider kaum honoriert wird. Die alltägliche Realität ist meist ziemlich weit entfernt von der romantischen Vorstellung, dass man den ganzen Tag gemütlich auf seinen Stock gestützt den Schafen beim Fressen zuschaut … Und das, obwohl es gerade dieser Beruf ermöglicht, aktiv am Natur- und Artenschutz beteiligt zu sein und die Biodiversität zu erhalten. Ein wichtiges Thema, heute mehr denn je. Zahlreichere extensiv genutzte Schafweiden würden beispielsweise den Erhalt einzigartiger Lebensräume für viele Tiere und Pflanzen bedeuten. Das wiederum müsste jedoch in der landwirtschaftlichen Förderung deutlich angemessener berücksichtigt werden. Hierfür gibt es aktuell leider Anforderungen, die unsere Weiden weitestgehend nicht erfüllen können. Bedingungen und Voraussetzungen für Förderungen sind kompliziert und für uns Schäfer leider meist nicht relevant. Hier gibt es aus meiner Sicht Handlungsbedarf: Wie förderwürdig eine Fläche ist, müsste nach anderen Kriterien bewertet werden, als es momentan der Fall ist.

Auch die Bezahlung für die Beweidung von Naturschutzgebieten ist leider verhältnismäßig gering. Vor allem, wenn zusätzliche Arbeiten wie beispielsweise das zeitaufwändige Freischneiden der Zauntrassen nicht extra bezahlt wird. Meist ist hierfür schlicht kein Geld vorgesehen. Da eine sichere Umzäunung jedoch absolut unerlässlich ist, müssen solche Arbeiten auf jeden Fall gemacht werden. Ob wir auf den Kosten sitzen bleiben oder nicht. Dies ist nur ein Beispiel von vielen, bei dem zusätzliche Zeit und eine erhöhte Arbeitsleistung nicht anerkannt werden. Um jedoch wirtschaftlich überleben zu können, ist es für schaf-und ziegenhaltende Betriebe wichtig, dass ihre Pflegemaßnahmen in der Landschaft vollumfänglich als Dienstleistung anerkannt und eben auch vernünftig honoriert werden. Gerade bei einer reinen Ziegenbeweidung, die für den Erhalt mancher Flächen tatsächlich unerlässlich ist, muss die Bezahlung stimmen. Denn neben einer generell höheren »Aufsichtspflicht« ist ebenfalls eine besonders ausbruchssichere Zaunanlage mit genügend Strom wichtig.

Ich würde mir wünschen, dass der Beruf des Schäfers die Anerkennung bekommt, die ihm meines Erachtens nach im Zusammenspiel von Arterhalt und Naturschutz auch zusteht. In meinem Buch habe ich bereits beschrieben, wie sehr sich die Beweidung auf beispielsweise viele Insekten positiv auswirkt. Und wir alle brauchen nun mal Insekten. Sie bestäuben unserer Wild- und Nutzpflanzen. Ohne diese Bestäubung gäbe es keine Früchte, also keine Lebensmittel. Insekten dienen außerdem vielen Tieren als Nahrung. Fehlen Insekten, können sich auch andere nicht mehr von ihnen ernähren. Leider verschwinden seit Jahren mehr und mehr Insektenarten. Der Verlust von Lebensräumen und der Einsatz von Spritzmitteln sind Hauptgründe dafür. Die Abhängigkeit vieler Arten von einer gesunden vielfältigen Umgebung – und voneinander – ist einfach immens. Letztlich ist auch der Mensch nur eines dieser Zahnrädchen des Lebenskreislaufes auf unserem Planeten …

Aus meiner Kindheit kenne ich beispielsweise noch die vielen Misthaufen kleinbäuerlicher Landwirtschaft. Dort gab es Fliegen und andere Insekten in Hülle und Fülle und dadurch auch Massen an Schwalben, die sich von diesen Tierchen ernährten. Sie haben damals an fast jedem alten Haus gebrütet. Heute sind Schwalbennester unterm Dachfirst unglaublich selten geworden. Es fehlt schlicht die Nahrung, also allerhand Insekten in menschlicher Umgebung. Diese Entwicklung ist wohl nicht mehr aufzuhalten, anderenorts ist es jedoch durchaus möglich, durch gewisse Schutzmaßnahmen das Überleben und die Symbiose vieler Arten zu erhalten. Und genau das ist möglich in der Schäferei.

Gute Bedingungen für die Beweidung sollte den Behörden daher mehr am Herzen liegen und die Sorgen und Nöte der Schäfer nicht weitestgehend ignoriert werden. Ich wünsche mir ein besseres Miteinander und eine gute Zusammenarbeit. Durch mehr Berücksichtigung unserer Leistungen könnte vieles vereinfacht und verbessert werden. Immer mit dem Ziel, sinnvoll Flächen zu nutzen und gleichzeitig für den Arterhalt und Schutz wertvoller Lebensräume zu sorgen.

Auch der Klimawandel geht an der Schäferei nicht spurlos vorüber: Es ist wärmer geworden, es gibt weniger Niederschlag, mehr warmen Wind, der auch noch das letzte Tröpfchen Feuchtigkeit davon trägt. In den letzten Jahren gab es immer wieder mal das Problem, dass Futter bei der zweiten Beweidung knapp wurde. Auf ausgedörrten Böden wächst

nun mal nichts. Einmal musste ich in einem Anflug von Panik sogar schon Schafe kurzfristig verkaufen, weil es im Spätsommer einfach nicht mehr genug zu fressen gab für alle. Und auch hier hängt noch mehr dran: Für eine kürzere Beweidung bekomme ich bei manchen Aufträgen auch noch weniger Lohn. Obwohl die Tiere ja genauso viele Kosten verursachen, wie in jedem anderen Jahr. Im Gegenteil, ein Zufüttern und eine Versorgung mit zusätzlichem Wasser kostet ja sogar mehr und erhöht auch den Arbeitsaufwand deutlich.

Die Zeiten sind also nicht leichter geworden für uns Schäfer. Neben den sich verändernden Wetterverhältnissen nehmen auch die Risiken im Alltag durch immer mehr Straßen, Verkehr und Menschen ohne Unterlass zu. Bin ich vor zehn Jahren beispielsweise noch über ausschließlich Feldwege gewandert, muss ich nun ständig irgendwelche Straßen überqueren. Es kann nicht sein, dass die Arbeit einerseits immer beschwerlicher wird, es aber gleichzeitig verhältnismäßig weniger Bezahlung und Unterstützung gibt. Und leider auch noch nahezu täglich wertvolle Flächen sehenden Auges durch Bebauung oder aber ausschließlich intensive landwirtschaftliche Nutzung unwiederbringlich zerstört werden.

Wir Schäfer sind für die Natur und das Bild unserer Landschaft wichtig. Wir brauchen daher Unterstützung, Akzeptanz und eine leistungsgerechte Bezahlung, damit die Schäferei eben auch weiterhin eine Zukunft hat und sich junge Menschen ebenfalls dafür entscheiden, ihr Leben dem Rhythmus der Natur und ihrem Erhalt zu verschreiben. Indem sie einen der schönsten Berufe überhaupt wählen!

# Bildlegende

| | |
|---|---|
| U1 | *oben von links nach rechts:* frisches Zwetschgenchutney, Karottenernte, Zickleinkeule mit Fächerkartoffeln und bunten Möhren<br>*unten:* Sabine auf Wanderschaft mit ihren Walliser Schwarzhalsziegen und Hund Molly |
| 2–3 | erste Wanderung im Jahr mit den Schafen ins Naturschutzgebiet Mittelberg |
| 4 | Schafsjoghurt mit frischen Kräutern und Gemüse |
| 5 | Dorperschaf frisst Apfel, Fallobst wird verwertet |
| 6–7 | Sabine bei der Apfelernte |
| 8 | weibliche Walliser Schwarzhalsziege |
| 9 | Sabine in ihrer Küche |
| 10 | Sabine verlässt nach der Schur mit ihren Schafen den Stall |
| 11 | Werbetafel am Wochenmarkt für die Produkte aus der Landschaftspflege |
| 12 | Tweet von Sabine auf Twitter über »Widderchen« |
| 13 | Sabine fotografiert mit dem Handy für das Posten auf Twitter |
| 14–15 | Sabine beim Umsetzen der Schafherde, Naturschutzgebiet Mittelberg in Weil der Stadt |
| 17 | Sabine bei der Karottenernte auf ihrem Acker |
| 18 | Burenziege schält Esche, Landschaftspflege |
| 19 | Sabines gusseiserner Bräter, zwanzig Jahre alt |
| 22 | Walliser Schwarznasenschafe auf der Winterweide |
| 24–25 | Sabine unterwegs mit den Schafen zu einer neuen Winterweide |
| 26 | Nahaufnahme Walliser Schwarznasenschaf im Winter |
| 27 | Sabine bei der Versorgung der Schafe auf der Winterweide mit Heu |
| 28–29 | Innenansicht des Stalls, Stalleinteilung im Winter |
| 31 | »Ausrüstung« im Auto für die Winterweide: gutes Schuhwerk, selbstgestrickte Handschuhe, Thermoskanne mit Hagebuttentee, Korb mit Brotzeit, Heu für die Schafe |
| 32 | Sabine bei ihrem täglichen morgendlich statt findenden Spaziergang mit den Hunden |
| 33 | auf der Winterweide, Beobachten der Herde, Nahaufnahme Hände in Handschuhen auf Fangstock gestützt |
| 38 | Hagebuttenstrauch mit Früchten |
| 39 | Teeaufguss aus der Thermoskanne, Winterweide |
| 40 | Dorperschafe mit Nachwuchs im Stall |
| 42 | Sabine mit schwarzem Lämmchen auf dem Arm |
| 43 | Dorperschafe, Mutterschaf und Lamm im Stall |
| 45 | Dorperschafe, Mutterschaf säugt Lamm auf der Winterweide |
| 47 | Sabine und ihr Mann bei Zaunreparaturen am Naturdenkmal »Löchle« in Darmsheim |
| 48 | Sabine beim Aufbau von Weidenetzen |
| 49 | Sabine kontrolliert Zustand von feststehendem Zaunpfosten |
| 54 | geschnittenes Gemüse: Lauch, Knoblauch, Zwiebeln, Karotten, Sellerie, Schnittlauch, Petersilie |
| 55 | fertige selbergemachte Gemüsewürze |
| 56 | Verkauf von Schäferwurst auf dem Wochenmarkt |
| 58 | frisch geschlachtetes ganzes Lamm beim Metzger |
| 59 | Sabine in ihrem Verkaufswagen am Wochenmarkt |
| 61 | Sabine und Schüler, Vorbereitungen zum Schafe füttern |
| 62 | Schüler im Kontakt mit jungen Ziegen im Stall |
| 63 | Hände voller Wolle |
| 64–65 | Sabine unterwegs mit den Schülern, um Grünfutter für die Tiere im Stall zu sammeln |

131 *oben von links nach rechts:* Gefleckter und Kleiner Schmalbock auf Witwenblume, Wespenspinne in ihrem Netz, Gemeiner Grashüpfer
*mitte von links nach rechts:* Gammaeule, Nahaufnahme Walliser Schwarznasenschaf, Hainschwebfliege über Echtem Tausendgüldenkraut
*unten von links nach rechts:* Honigbiene auf Echtem Dost, Brauner Waldvogel, Roter Weichkäfer auf Schafgarbe
133 Tafelgedeck, dekoriert mit Borretschblütenstiel
134 gedeckte Tafel unter Apfelbäumen, Lammbratwurst, Kartoffel-Gurken-Salat und grober Senf
135 knisterndes Feuer
140 frische selber gemachte Kräuterbutter
141 verschiedene Kräuter im Hochbeet, Glatte und Krause Petersilie, Schnittlauch, Basilikum, Thymian, Bohnenkraut, Mangold und Herbstastern
142 Hund Molly am Wegesrand beim Hüten der Schafe
144 Senior-Hund Glen
145 Sabine unterwegs beim Pause machen, Streicheleinheiten für Luna
146 Hütetraining mit Luna
147 auf Wanderschaft durch Schafhausen, Sabine mit den Ziegen, begleitet von Molly
148 eingespieltes Team: Luna und Molly beim Hüten
149 Luna und Molly auf der Rücksitzbank in Sabines Auto unterwegs zur täglichen Weidenkontrolle
150–151 Luna beim Hüten der Schafe unter Obstbäumen im Spätherbst, Dorperschafe und Mischlinge aus beiden Schafrassen auf Streuobstwiese
153 Sabine beim Spinnen von Wolle auf der Bank hinterm Stall
154 *oben:* verschiedenfarbige Schafwolle
*unten:* halbfertig gestrickte Handschuhe aus Wolle
155 *oben von links nach rechts:* Waschen der Wolle, Wolle wird gekämmt
*mitte von links nach rechts:* Einfädeln der Wolle in die Handspindel, gesponnenes Garn wird aufgewickelt
*unten von links nach rechts:* Handspindel und Wollknäuel, Stricken von Handschuhen
160 noch nicht ganz reife Zwetschgen am Baum
161 Zwetschgen-Chutney im Glas
162 Apfelernte, reife Äpfel im Korb, »Glockenapfel«, »Roter Boskoop«, »Gewürzluike«
164 *von links nach rechts:* Wendehals, Hornisse, Siebenschläfer, Wacholderdrossel
165 Schafe auf Streuobstwiese unter Apfelbäumen, Sonnenuntergang
166 aufgeschnittener reifer Apfel, »Roter Astrachan«
167 Sabine liest unter Apfelbaum reife Äpfel auf, sinnvolle Nutzung von Streuobstwiesen
168–169 Burenziegen weiden an stillgelegter Bahnlinie, Hacksberg
170 *von oben nach unten:* Fransenenzian, Golddistel, Silberdistel
171 Sabine pflückt eine Handvoll Wacholderbeeren vom Strauch
172 Burenziegen überqueren stillgelegten Bahndamm, Hacksberg
173 Burenziege knabbert an Hartriegel, legt Bahndamm frei
178 Sabine liest Äpfel auf, Streuobstwiese
179 scharfes Apfelkompott mit Chili
180 Selbsterntеacker, Sabine erntet Möhren
182–183 frisch geerntete bunte Möhren am Acker
184 Tomaten beim Nachreifen in Sabines Küche
185 Sabines Gewölbekeller voller Vorräte
186 Zutreten von Mauseloch auf Wiese durch Schaf
187 dickes Dorperschaf frisst sich Winterspeck an

188–189 Beweidung im Herbst, Dorperschafe, Flächen des Reiterhofes in Weil der Stadt
190 Mulchen einer Obstbaumwiese mit dem Traktor, Pflegemaßnahmen der Flächen im Herbst
191 kurze Beweidung einer Mähwiese im Herbst bei Darmsheim
196 reife Tomaten, »Rote Murmel«, »De Berao«, »Zebra«, Fleischtomate »Marmande«, Cocktailtomate »Miri Miri«, Salattomate »Rote Zora«
197 selber gemachte Tomatensoße im Glas
198 Durchwandern von Sindelfingen, Hochhaussiedlung
201 kurze Verschnaufpause unterwegs
202–203 gefährliches Wandern auf einer unübersichtlichen Straße, um von der Bahnlinie fern zu bleiben
204 Molly beim Hüten von Walliser Schwarznasenschafen und Dorperschafen
205 letzte anstrengende Straßenüberquerung vor der Ankunft am heimatlichen Stall
207 Sabine bei der Klauenpflege eines Schafes auf der Weide im Herbst
208 Sabine schert im Stall Verfilzungen bei Walliser Schwarzhalsziege aus, Pflegemaßnahme im Herbst
209 3er-Serie des Herausfangens eines Schafes aus der Herde mit Hilfe des »Fangstocks« zur Klauenpflege
214 reife Quitten am Baum
215 Quittensaft, selber hergestellt
216 Sabine mit ihren Walliser Schwarzhalsziegen und Burenziegen auf der letzten Wanderung des Jahres zurück in den heimatlichen Stall
218–219 Ankunft am Stall nach der letzten Wanderung des Jahres mit den Ziegen
220 Sabine füllt die Futterraufe der Ziegen im Stall mit Heulage
221 Burenziegen im Stall beim Fressen aus der Futterraufe, die mit Heulage gefüllt ist
222 wenige Tage altes Burenziegen-Kitz
223 frisch geborene Burenziege wird von ihrer Mutter trocken geleckt
225 Sabine mit Schafpaten im Stall bei den Tieren
226 Sabine mit Lamm auf dem Arm in Kontakt mit kleinem Mädchen
227 individuell gestaltete Holzscheiben der Schafpaten außen an der Stalltür
228 gemütliche Runde im Bauwagen am Stall, Sabine im Gespräch mit Schafpaten
229 Schäferromantik am Lagerfeuer vorm Bauwagen, Besuch der Schafpaten
234 reife Äpfel, die an kahlen Ästen im Winter noch am Baum hängen, »Roter Astrachan«
235 weihnachtliches Dessert »Apfeltraum«
236 Weide im Abendlicht, Dorperschafe, Naturschutzgebiet Mittelberg
239 typisches Landschaftsbild, das es ohne Beweidung so nicht geben würde, Wacholderheide im Naturschutzgebiet Mittelberg
239 Sechsfleck-Widderchen bei der Eiablage
240 Raupe des Sechsfleck-Widderchens
246–247 inmitten einer Schafherde, Dorperschafe
248–249 Beweidung im Herbst, Naturschutzgebiet Mittelberg
250–251 »Überbleibsel« der Schafe in der Landschaft, Wollfäden an Ast des Schwarzdorns
U4 Schafe im Abendlicht, Beweidung des Naturschutzgebietes Mittelberg

## Dank

Viele Jahre schon war es ein großer Wunsch von mir, ein Buch über meine Arbeit zu schreiben. Nun, da ich es mit Stolz endlich in Händen halte, möchte ich mich ganz besonders bei Oliver, Eva und Simone bedanken, die innerhalb von 18 Monaten mit mir gemeinsam in unermüdlicher Arbeit dieses Buchprojekt auf die Beine gestellt haben. Ich danke auch allen weiteren Personen sehr, die mich – in welcher Form auch immer – bei meinem Vorhaben unterstützt haben. Ohne Euch wäre dies nicht möglich gewesen.

*Sabine Krüger*

# Impressum

**Ziegenluft & Küchenduft**
Ein Jahr mit der Schäferin durch Küche und Natur

**Sabine Kürger**, 71120 Grafenau
www.krueger-land.de/meinbuch

**Realisierung und Copyright:**
Giel Bildwelten, 97437 Haßfurt
www.giel-bildwelten.de

**ISBN:** 978-3-00-069793-7

**Konzept und Texte:**
Sabine Krüger und Eva Scherer

**Rezepte:**
Sabine Krüger

**Lektorat:**
Eva Scherer

**Fotografie, Gestaltung, Satz, Herstellung:**
Oliver Giel

**Illustrationen:**
Simone Friese

**Druckproduktion:**
bonitasprint gmbh, 97080 Würzburg

1. Auflage 2021

Wir haben sehr viel Wert darauf gelegt, dass dieses Buch auch im Herstellungsprozess einen guten und fairen Eindruck bei allen Beteiligten hinterlässt.

Das Buch ist in Deutschland hergestellt und mit mineralölfreien Farben auf 100%-Recyclingpapier nach Blauer Engel-Vergabekriterien klimaneutral produziert. Der Klimaneutralausgleich findet in Deutschland statt.

TX2
Dieses Druckerzeugnis ist mit dem Blauen Engel ausgezeichnet.
www.blauer-engel.de/uz195

Druckerzeugnis
www.natureoffice.com/DE-204-KM6BHZ5
klimaneutral
durch CO2-Ausgleich

**Hinweise:**


Alle Ratschläge, Rezepte und Informationen sind von der Autorin sorgfältig recherchiert und in der Praxis erprobt. Dennoch kann keine Garantie und ebenso für eventuelle Nachteile oder Folgen keine Haftung übernommen werden. Des Weiteren ist auch eine Haftung aller an diesem Buch beteiligten Personen und Firmen für Personen-, Sach- und Vermögensschäden ausgeschlossen.

Aus Gründen der besseren Lesbarkeit wurde in den Texten auf gendergerechte Formulierungen verzichtet.

Essbare Blüten
Feldsalat
Chilifäden
Kirschtomaten
Knoblauch
Wacholderbeeren
Chiliflocken
Lauchzwiebeln
Brauner Zucker
Spinat
Schnittlauch
Linsen